ABC DA TOPOGRAFIA

Blucher

Manoel Henrique Campos Botelho
Jarbas Prado de Francischi Jr.
Lyrio Silva de Paula

ABC DA TOPOGRAFIA

PARA TECNÓLOGOS,
ARQUITETOS E ENGENHEIROS

ABC da topografia: para tecnólogos, arquitetos e engenheiros
© 2018 Manoel Henrique Campos Botelho
　　　Jarbas Prado de Francischi Jr.
　　　Lyrio Silva de Paula
Editora Edgard Blücher Ltda.

Blucher

Rua Pedroso Alvarenga, 1245, 4º andar
04531-012 – São Paulo – SP – Brasil
Tel.: 55 (11) 3078-5366
contato@blucher.com.br
www.blucher.com.br

Segundo o Novo Acordo Ortográfico, conforme 5. ed. do *Vocabulário Ortográfico da Língua Portuguesa*, Academia Brasileira de Letras, março de 2009.

É proibida a reprodução total ou parcial por quaisquer meios sem autorização escrita da editora.

Todos os direitos reservados pela Editora Edgard Blücher Ltda.

Dados Internacionais de Catalogação na Publicação (CIP)
Angélica Ilacqua CRB-8/7057

Botelho, Manoel Henrique Campos
　　ABC da topografia: para tecnólogos, arquitetos e engenheiros / Manoel Henrique Campos Botelho, Jarbas Prado de Francischi Jr., Lyrio Silva de Paula. – São Paulo : Blucher, 2018.
　　328 p. : il.

Bibliografia
ISBN 978-85-212-1142-6

1. Topografia I. Título. II. Francischi Junior, Jarbas Prado de. III. Paula, Lyrio Silva de.

15-1524　　　　　　　　　　　　　　　　CDD 526.98

Índice para catálogo sistemático:
1. Topografia

Prefácio

Os autores, entre os quais se encontra meu ex-aluno, ex-sócio e sempre amigo Eng. Lyrio Silva de Paula, e os atuais amigos, os Eng. Manoel Henrique Campos Botelho e Jarbas Prado de Francischi Junior, se propuseram a esclarecer, neste trabalho, como:

- realizar o levantamento planimétrico e altimétrico de um terreno;
- calcular áreas de um terreno;
- administrar obras;
- fornecer informações sobre atividades profissionais e temas de interesse da topografia e da agrimensura;
- diversos assuntos do dia a dia profissional.

Li, com muita atenção, a primeira impressão deste livro e, no meu entender, os autores conseguiram alcançar o objetivo com sobras. Este é um livro no qual todos os detalhes básicos de topografia e agrimensura, desde a obtenção de seus elementos até a sua compreensão, foram exaustivamente descritos em suas minúcias e detalhes, inclusive uma parte rara de ser encontrada em topografia: o direito sobre as propriedades, seus registros, dados importantes sobre elas. Um verdadeiro livro de consulta sobre topografia e agrimensura.

Parabenizo os autores que conseguiram produzir este excelente e pormenorizado material que descreve as atividades profissionais e seu dia a dia.

É interessante que os profissionais de engenharia e arquitetura percebam que tudo em nossa área de trabalho acontece sobre uma parte de terra, até mesmo um simples lote de terreno.

Outro item muito importante deste relato é como contratar um serviço de topografia e os cuidados a serem observados – um trabalho cuidadoso nos possibilita evitar incontáveis aborrecimentos –, além de um modelo padrão de contrato de trabalho e de uma tabela padrão de honorários profissionais que serve como guia de custos dos serviços a serem utilizados pela topografia.

Em resumo, este é um livro para profissionais das áreas de engenharia e arquitetura terem em suas bibliotecas profissionais para consulta permanente.

Parabéns aos autores.

Irineu Idoeta
Eng. agrimensor e professor
junho de 2017

Homenagens ao mestre Irineu Idoeta

Os autores deste livro queriam homenagear o Mestre Irineu Idoeta em vida pela importância que ele teve na formação de profissionais de agrimensura.

Eis que, antes que o livro saísse às ruas, o mestre se foi... Ficam nossas e duas mensagens adicionais de pessoas que foram diretamente influenciadas por ele.

Em nome de toda a família do meu querido e saudoso pai Irineu Idoeta, agradeço a homenagem que os autores aqui fazem a essa figura ímpar, que teve como uma de suas missões formar um sem-número de profissionais e da qual me orgulho de ter sido o aluno mais próximo.

Ivan Valeije Idoeta

Há exatos cinquenta anos tive a honra de conhecer aquele com quem não só tive o privilégio de fundar uma das empresas de maior relevo no cenário nacional da cartografia e agrimensura, com quem muito aprendi. Seu legado jamais será esquecido por mim nem por seus inúmeros alunos, dentro e fora da academia.

Antonio Cobo Neto
BASE Aerofotogrametria e Projetos S.A.

Conteúdo

Agradecimentos 11

Parte A – Topografia: do princípio à atualidade

1. Apresentação: o que queremos 15
2. Nasce a topografia 19
3. O que são topografia, agrimensura e geodésia 27
4. Tipos de trabalhos de topografia: o profissional dessa área 29
5. Apresentação de equipamentos de topografia e diversos conceitos 31
6. Bússola: quando usar e não usar 37
7. Mira, a régua para medida de nível. A baliza para visualizar e definir uma posição 39
8. O instrumento nível 41
9. Referências de nível (RN) 45
10. A divisão do círculo em graus, minutos e segundos; o radiano; a medida grado 49
11. Rumos e azimutes: formas precisas de indicar ângulos e direções 53
12. Conversão de unidades de medidas 57
13. Medindo distâncias horizontais: trena simples e trena eletrônica 61
14. Medidas angulares: teodolito 65
15. Estação total 75
16. Taqueometria: medidas rápidas de distâncias e cotas e determinação de curvas de nível 79
17. Determinação moderna do norte verdadeiro (norte geográfico) e o uso do GPS (*Global Positioning System*) 93
18. Finalmente vamos a campo: a função da poligonal em um levantamento topográfico 97

19. Levantamento topográfico: base produtiva, rumos, quadrantes, coordenadas poligonais, desenhos, solução de problemas, memoriais descritivos 103

20. Descrevendo o levantamento topográfico de uma área 133

21. Erros nas medidas topográficas: como corrigir?.. 135

22. Altimetria: nivelamento geométrico ou trigonométrico de um terreno e estaqueamento 137

23. Topografia para pequenas obras... 143

24. Procedimentos prévios à execução de trabalhos topográficos 145

25. Medidas de áreas 147

26. Demanda de tempo de campo para as atividades mais comuns de topografia.... 151

27. Regras para se fazer o levantamento topográfico de uma fazenda (grande área) 153

28. Topógrafos e loteamentos.. 157

29. O que os construtores civis gostariam de solicitar (e receber) em termos de apoio à topografia para suas obras. Locação de obras e edificações 161

30. Erros de implantação urbanística levam a vários problemas: erros do topógrafo ou do urbanista?.. 165

31. Locação de um terreno num velho loteamento: não construa em lote errado! A função é do topógrafo da prefeitura local... 173

32. Tipos de trabalho de topografia, exigências do cliente *versus* equipamentos necessários 175

Parte B – Elementos de cartografia

33. Fusos horários: como entendê-los.. 179

34. A declinação e sua influência na determinação do norte magnético e a variação com o norte geográfico (norte verdadeiro) 183

35. Dados geográficos: limites marítimos do Brasil.. 185

36. Os sistemas de coordenadas baseados em dados de satélites (GPS e UTM).... 187

37. Dados astronômicos do Sol, da Terra e da Lua: fases da Lua, equinócio, solstício 191

38. Linhas geográficas: linha do Equador, meridianos, trópicos, latitude e longitude, meridiano de Greenwich, coordenadas geográficas e formato da Terra.. 197

39. Interpretando mapas: formas de representação, a cartografia, as várias projeções... 203
40. O mar, as marés, seus níveis de água e a topografia....................................... 209

Parte C – Informações complementares de topografia

41. Notas simplificadas sobre estradas... 215
42. Normas de levantamentos topográficos da ABNT e outras normas............. 223
43. Locação topográfica com precisão para equipamentos industriais............... 225
44. Acompanhamento topográfico de um possível recalque em um prédio existente há décadas, em razão da execução de uma obra pública com rebaixamento do nível de água.. 227
45. O confuso conceito de norte de projeto: use a expressão alternativa "direção principal de projeto"... 229
46. Georreferenciamento, propriedades rurais e sua importância no registro em cartório da propriedade agrícola (idem quanto aos documentos de lavra e à retirada de minérios)... 231
47. Localização de sistemas públicos subterrâneos.. 235
48. Como programar e avaliar serviços de levantamentos topográficos e uma sugestão de modelo de contrato.. 237
49. Tabelas de honorários.. 243
50. Os computadores e a topografia: programas (*softwares*) para topografia... 247
51. Batimetria ou a medida de profundidade dos corpos de água..................... 249
52. Medidores de grandezas físicas no campo.. 253
53. Higiene e segurança nos trabalhos de topografia.. 257
54. Lista de entidades relacionadas à topografia e à agrimensura (sistema Confea, IBGE).. 259
55. Numeração de lotes e de prédios urbanos.. 263
56. Notas sumárias sobre a trigonometria esférica, fundamental para os navegadores e para algumas obras terrestres... 267

Parte D – Informações preliminares sobre aerofotogrametria

57. Notas sumárias sobre aerofotogrametria... 271

Parte E – A topografia e o direito

58. Terrenos de marinha: como entendê-los 275
59. Aviventação de rumos 277
60. A topografia e o Código Civil 279
61. A topografia, as fronteiras e os limites estaduais, municipais e distritais 291
62. Topografia legal: ajustando propriedades imobiliárias: termos jurídicos e perícias 297
63. Interpretação topográfica dos limites de propriedade rural (sítio) como indicado na sua escritura 301
64. Conceito medieval de laudêmio atualmente existente no Brasil e os topógrafos 305
65. A organização política e administrativa do país e a topografia 307
66. Cartórios: entenda as suas funções 311

Parte F – Dados finais

67. Convenções gráficas de topografia 315
68. Bibliografia e sites de interesse 317
69. Índice remissivo 319
70. Currículo resumido dos autores 323
71. Comunicando-se com os autores 325

Agradecimentos

Ao professor Serafim Orlandi que, entre as décadas de 1940 e 1960, criou e desenvolveu, na Escola de Engenharia Mackenzie, em São Paulo, um modelar curso de topografia e geodésia para estudantes de Engenharia e Arquitetura. Como apoio ao curso, a Universidade Mackenzie comprou, utilizou e ainda utiliza, uma fazenda na região do córrego Cabuçu, em Guarulhos, São Paulo. O local foi denominado "acampamento de topografia", onde os estudantes complementam seus estudos em campo efetuando levantamentos topográficos e geodésicos, entre outros. A absoluta seriedade do curso é flagrante, condição essencial para a capacitação dos estudantes e para o progresso de uma nação. Mesmo para os que não estudaram nessa conceituada escola, a fama desse curso tem sido um diferencial enaltecido.

Aos engenheiros Lelis Spartel e João Luderitz, ambos professores eméritos da Universidade Federal do Rio Grande do Sul (UFRGS).

À empresa D.F. Vasconcellos, cujo fundador, o sr. Décio Fernandes de Vasconcellos, topógrafo de formação, nas décadas de 1950 e 1960, com um pioneirismo inacreditável, criou uma fábrica de produtos óticos no Brasil, única então do hemisfério sul do mundo, e produziu, entre outros:

- teodolitos simples, robustos, práticos e com precisão adequada para obras de construção civil de pequeno e médio porte;
- máquinas fotográficas de marca Kapsa;
- instrumentos óticos para iniciação científica de jovens de nome Polioticon.

Ao engenheiro agrimensor e professor Irineu Idoeta (*in memoriam*), professor da PUC de Campinas, da Escola Paulista de Agrimensura, da Faculdade Brás Cubas e da Faculdade de Arquitetura de Guarulhos, responsável pela formação de centenas de profissionais da área. Lamentamos informar seu falecimento em 2017, não tendo sido possível que ele comparecesse ao lançamento deste livro que prefaciou. Deixamos aqui nossa homenagem ao emérito professor de notório saber e vida importante.

Ao sr. Benedito Ferreira Franco, topógrafo autodidata que inspirou e proporcionou as primeiras experiências em topografia a um dos autores deste livro, Lyrio Silva de Paula.

TOPOGRAFIA: DO PRINCÍPIO À ATUALIDADE

1. Apresentação: o que queremos

Este é um livro ABC, portanto um livro de primeira leitura destinado aos estudantes e profissionais de topografia, ou seja, tecnólogos, arquitetos, engenheiros e todos que utilizam a topografia como ferramenta de trabalho.

Tanto os estudantes de tecnologia quanto os de Engenharia Civil ou Arquitetura, em suas várias especialidades, se apoiam no conhecimento do terreno da obra, bem como de suas dimensões, formas, entorno e interferências.

As informações sobre o terreno são essenciais para as fases de estudo e projeto, e depois para locar a obra e acompanhar a aplicação do projeto. Isso é uma verdade tanto no caso das inundações do rio Nilo no Egito (onde teria nascido a geometria, há 4 mil anos) quanto no caso das edificações com madeira e pedra dos pagodes budistas na Ásia, das pirâmides da América Central, no da orientação do traçado de estradas e aquedutos da civilização romana, da construção da Grande Muralha da China, chegando-se aos tempos atuais, com enormes pontes, elevadíssimos prédios e as atuais obras de metrô das cidades.

Produzir e fornecer esses dados fundamentais para os projetos e para as obras são os objetivos da topografia, que é parte inerente da geomática.[1]

A necessidade de representar graficamente os componentes da superfície terrestre, como rios, serras, estradas e outros, originou o que denominamos planta.[2]

Sendo este um livro ABC, procuraremos explicar, de forma clara, sucinta e prática, os fundamentos da topografia aos nossos leitores que serão convidados, depois, se necessário, a estudar complementos e desdobramentos em outros livros.

O livro é escrito em linguagem botelhana (algo alegre e pessoal).

---

[1] A partir da década de 1980, com o avanço tecnológico e a interação entre as ciências, procedimentos de medidas e posicionamento de pontos de interesse, representação cartográfica e tantas outras atividades, a Associação Canadense de Agrimensores lançou o termo "geomática", que é cada vez mais empregado atualmente.

[2] Os projetos executados a partir de plantas são complementados por cortes transversais e longitudinais, que também são ferramentas de trabalho da topografia.

Pretendemos alcançar com esta obra os seguintes limites:

- como fazer o levantamento planimétrico de um terreno (medidas em projeção horizontal);
- como fazer o levantamento altimétrico (alturas dos pontos principais do terreno – curvas de nível);
- como calcular áreas de terrenos;
- como locar obras;
- fornecer informações educacionais sobre a atividade profissional e outros temas de interesse da topografia e da agrimensura;
- outros assuntos do cotidiano do profissional.

Considerando também que um dos objetivos da topografia é dar apoio ao uso e à ocupação do solo, desenvolvemos assuntos não usuais em cursos convencionais, propiciando uma formação eclética ao cidadão. Assim, apresentamos temas como: legislação de terras, usucapião, aviventação de rumos, documentos imobiliários, tipos de cartório, assuntos estes que interessam aos profissionais da topografia e a alguns cidadãos.

Por vezes, e por razões didáticas, repetimos informações para tornar a matéria mais fácil de entender, caso seja lido apenas determinado capítulo.

Os limites indicados neste livro correspondem a mais de 90% da topografia do dia a dia.

Acreditamos no famoso pensamento:

"Caminhante, te avisamos que não há caminhos,

os caminhos se abrem ao caminhar..."

Agora, boa leitura.

Manoel Henrique Campos Botelho, engenheiro civil
E-mail: manoelbotelho@terra.com.br

Jarbas Prado de Francischi Jr., engenheiro civil e administrador
E-mail: jarbasfjr@gmail.com

Lyrio Silva de Paula, engenheiro agrimensor e professor
E-mail: topagrilyrio@gmail.com

Nota para professores de topografia e leitores em geral

Esta se propõe a ser uma obra plural que atenda a estudantes e profissionais de topografia. Portanto, os autores encaram, com muita simpatia, comentários, críticas, elogios e contribuições, para as quais, se incluídas em novas edições, daremos crédito de origem (autoria).

A grande preocupação dos autores é a didática do texto. Para eles, cuidados com o estilo redacional não são tão importantes. Por isso, em alguns casos, repetimos, repetimos e repetimos informações e explicações, lembrando que os leitores estão numa fase de iniciação nessa matéria que é a topografia. Talvez, para alguns jovens leitores, este será um dos primeiros contatos com uma matéria tecnológica.

2. Nasce a topografia

Uma explicação sob a forma de "crônica didática" e levemente histórica. Uma viagem ao tempo das medidas de terras no antigo Egito com cordas graduadas (trenas) até a estação total de hoje.[1]

Corda graduada usada antigamente.

Crônica didática

A situação do Egito há 6 mil anos (4 mil anos a.C.)

O Egito é uma dádiva do rio Nilo. O rio Nilo tem grande vazão e deságua no mar Mediterrâneo.

O Egito é uma região algo plana e muito carente de água. A região é cortada por esse grande rio. O rio Nilo é fonte de água para os moradores da região, e, uma vez por ano, temos as enchentes, que:

- cobrem terras deixando sobre os terrenos inundados um lodo altamente fertilizante;
- aumentam o nível de água do lençol freático do terreno. Na próxima página, temos uma figura ilustrativa desse processo.

O rio Nilo e o Egito hoje

Em face desses dois presentes do rio Nilo, é possível a plantação de cereais nas regiões fertilizadas e umedecidas; destacamos a plantação do trigo.

Se na enchente o rio Nilo hidrata e fertiliza o solo, ele também tem um defeito. Os terrenos férteis, divididos em fazendas (propriedades particulares), perdem

---

[1] Lembremos que as inúmeras pirâmides do Egito foram construídas há mais de 4 mil anos.

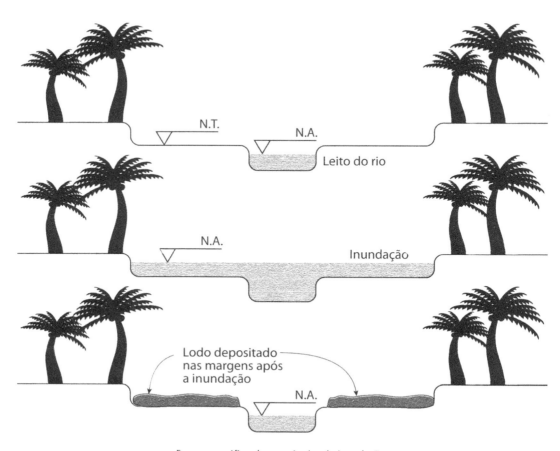

Esquema gráfico da ocorrências de inundação.

seus limites divisórios (marcos e cercas) quando ocorrem as inundações, que cobrem e destroem tudo às suas margens.

Com o fim da enchente, é hora de semear o trigo. Mas como definir os antigos limites das propriedades rurais? Na Antiguidade, os proprietários iam ao Faraó procurar uma solução para o problema. Certa vez, o Faraó decidiu consultar o matemático da corte. Este respondeu sobre a necessidade de reativar rumos, ou seja, redefinir os limites de cada propriedade. Vejamos o que disse o matemático:

– Graças aos esforços de geômetras, foi criada uma nova ciência chamada topografia. Com essa nova tecnologia, poderemos definitivamente marcar limites e nunca mais termos brigas entre fazendeiros. Ajuda muito a clarividência do senhor Faraó ter unificado o sistema de unidades de medidas do país, criando a toesa (façamos uma toesa igual a 0,6 m, sendo o metro uma medida que nasceria 6 mil anos depois).

Nasce a topografia 21

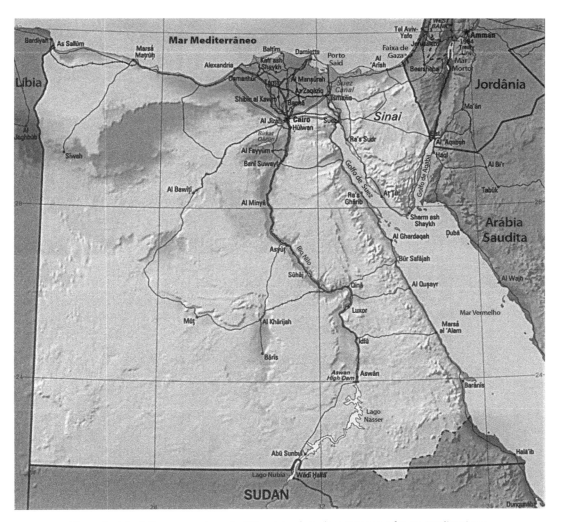

Mapa atual do Egito que mostra o rio Nilo cortando todo o país e sua foz no Mediterrâneo.

O faraó perguntou, interessado:

– Teremos que medir ângulos?

A resposta do matemático teria sido:

– Hoje em dia, não. No futuro, sim. Vamos aplicar hoje um sistema só com medidas lineares de distância. Iniciaremos pela criação de um sistema de marcos, todos eles bem altos, onde o rio não alcança nas enchentes, e chamaremos esse conjunto de marcos de "linha poligonal". Essa linha ligará os pontos escolhidos e a fixação de cada marco ficará em cima de rochas, para que nunca saiam do lugar. Vejamos o desenho a seguir.

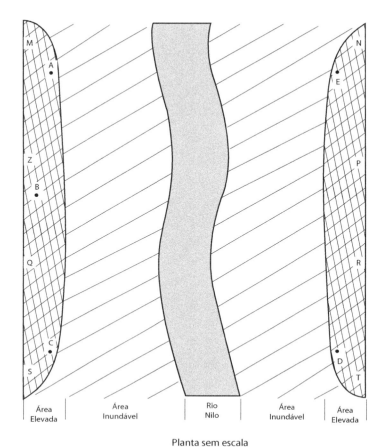

Planta sem escala
Área sujeita a inundação no Vale do Nilo com a plotagem dos marcos em pontas elevadas.

Os pontos A, B, C, D e E da poligonal, em cima de pontos rochosos, são pontos não inundáveis.

Vamos agora fabricar cordas graduadas, pôr pingos de tinta a cada côvado (medida antiga anterior ao metro) e, assim, teremos uma trena (fita métrica de grande comprimento).

Mediremos (medir significa comparar) os trechos AB, BC, CD e DE com essa trena. Vamos efetuar o serviço duas vezes: uma na ida e outra na volta. Se houver diferença entre as medidas de ida e de volta, faremos uma análise para saber se trata-se de um erro ou se a divergência nasce da falta de precisão do processo. Se apesar dos cuidados permanecerem a divergência entre ir e voltar, a diferença entre as medidas deve ser distribuída entre os trechos, levando em conta as dimensões de cada trecho. Veja o complemento:

AB = 843 m; BC = 712 m; CD = 774 m; DE = 530 m

Agora, vamos fazer um acordo com os proprietários e tentar demarcar novamente os limites levados pela inundação dos rios. Haverá discussões, mas chegaremos a um acordo. Depois do acordo, nunca mais haverá discussões, pois iremos demarcar com medidas no campo e no papiro faraônico os limites das fazendas de cada um. Assim, serão gerados os pontos M, N, Z, P, Q, R, S e T, como mostra a figura a seguir:

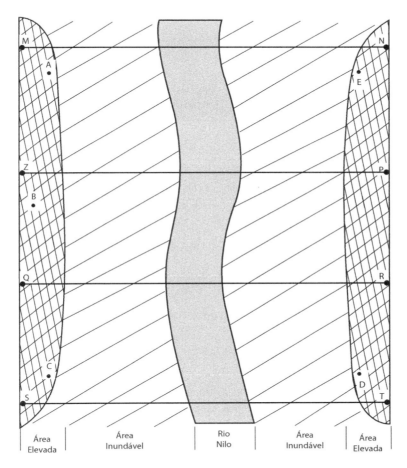

Planta sem escala

Esses novos pontos definirão os limites de propriedade, juntamente com os pontos da poligonal (preservados em pontos altos e em cima de pedras).

Meçamos em covados (atualmente a unidade seria o metro) as distâncias AM, BN, BP, PZ, PQ, PQ, CR, DS, ET. Todas essas medidas devem ser agora anotadas num papiro do Faraó (escritura atual) e, com isso, essas medidas ganham respeitabilidade permanente.

Sejam as medidas da época (realizadas com corda graduada em côvados – cv):

AM = 250 cv	PQ = 380 cv	BQ = 672 cv
BM = 720 cv	CR = 681 cv	BR = 891 cv
BN = 552 cv	DS = 610 cv	CS = 748 cv
BP = 389 cv	ET = 340 cv	DS = 620 cv
CP = 361 cv	AN = 403 cv	CT = 892 cv
PZ = 389 cv	BZ = 560 cv	

Note que cada ponto é definido por duas distâncias e, com esse sistema, evita-se usar o rio Nilo como limite de propriedade, pois esse rio é volúvel, às vezes avança na enchente numa margem e, às vezes, avança na outra margem.

Mas, como faremos a definição de um ponto como N ou Z ou R etc.?

É fácil: usando o traçado de dois arcos de circunferência. Cada arco com o raio de uma das duas distâncias definidoras do ponto e sempre usando os marcos da poligonal que nunca desaparecem, pois os pontos dos limites do terreno que não são da poligonal e estão na região de inundação do rio poderão desaparecer com o tempo.

Veja a seguir o desenho de definição do ponto N.

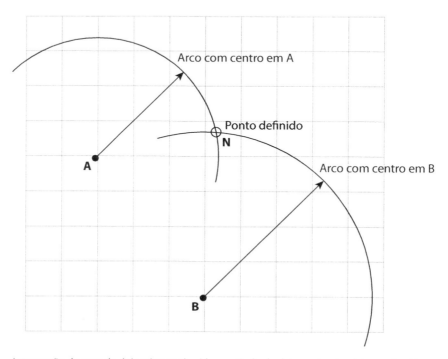

Intersecção do arco de dois raios conhecidos partindo de dois pontos também conhecidos.

Agora poderemos, a partir dos pontos da linha poligonal (pontos seguros), definir todos os pontos de demarcação das propriedades.

Tudo isso aconteceu mais ou menos assim: veio a enchente, o rio inundou, fertilizou os terrenos, foi embora e levou todos os marcos das propriedades.

Passada a enchente, chegou a hora da semeadura. O matemático do faraó foi chamado para localizar os pontos que definiam as propriedades. Utilizando-se de grandes cordas, com as medidas marcadas em unidades de medida da época e que viraram uma enorme trena, todos os pontos de limites de propriedades foram outra vez demarcados (reavivados).

Tudo feito e tudo em paz, o faraó ousou perguntar:

– Seu método, sr. matemático da corte, não usa ângulos e não leva em conta a diferença de cotas entre os pontos da poligonal e dos marcos?

O matemático respondeu:

– Respondo separadamente à cada uma das suas sábias, sempre sábias perguntas:

- A área demarcada pode ser considerada quase uma planície nessa sagrada área do Egito e, portanto, a diferença de níveis entre os pontos não é grande, e a influência desses leves desníveis nas medidas de distância não serão, portanto, grandes.
- Quanto aos ângulos, ainda não foi inventado o teodolito,[2] fato que acontecerá milhares de anos a partir de hoje. Sem teodolito, fica difícil usar os dados de ângulos. Mas, no caso, em regiões planas como as várzeas do rio Nilo, com medidas lineares, é possível redefinir com relativa precisão os limites de propriedades.

---

[2] Esse matemático devia ser um vidente, pois anteviu, premonitoriamente, a invenção do teodolito, fato que aconteceu mais de 5 mil anos depois.

3. O que são topografia, agrimensura e geodésia

Podemos dizer que topografia é a técnica de levantar, medir e descrever a forma de terrenos, servindo a muitos tipos de usos, como a delimitação de áreas, apoio a obras civis, usos agronômicos, locação de equipamentos industriais etc. Em grego, "topo" que significa terra, lugar, região, e "grafia", descrever; temos, portanto, "descrever um lugar ou região".

Agrimensura é um termo mais amplo em relação à topografia, e inclui aspectos jurídicos de propriedades imobiliárias, além de levantamentos mais sofisticados.

Neste livro, associaremos topografia à agrimensura.

Geodésia é a ciência que estuda com alta precisão, por exemplo, a forma do planeta Terra. A geodésia está fora dos limites deste livro.

Cartografia é a ciência que elabora mapas usando dados da topografia, da agrimensura e da geodésia.

No Brasil, inicialmente, as atividades topográficas eram executadas por engenheiros civis[1] e práticos, que aprendiam, informalmente, com os engenheiros. Com o tempo, surgiram escolas que formavam técnicos em agrimensura e, depois, surgiram os cursos de engenharia de agrimensura.[2] Nos anos 1970, surgiram os cursos de tecnologia nos quais também passou-se a ensinar a topografia.

Poderíamos dizer que, na prática, a topografia é a técnica de aplicar, nos terrenos, a velha e sagrada geometria.

---

[1] Outros engenheiros, como os agrônomos e de minas, têm ótima formação em topografia.

[2] Foram engenheiros cartográficos.

Notas

1. Com o surgimento de equipamentos eletrônicos e o apoio da observação de satélites, a topografia mudou muito; ela foi facilitada e possibilitou uma maior precisão dos dados e das informações. Mas os conhecimentos fundamentais, amarrados principalmente à geometria, continuam os mesmos e é um risco enorme usar equipamentos sofisticados sem conhecer e obedecer aos conhecimentos fundamentais.

Explicar de forma didática esses conhecimentos fundamentais é o único objetivo deste livro.

2. Há muito tempo, um avião de uma linha aérea com enormes recursos em termos de equipamentos caiu porque o piloto inseriu dados de orientação incorretos nos equipamentos de bordo. Se o piloto tivesse informações astronômicas, mesmo que elementares, poderia ter se orientado à noite pelas estrelas, ou se de dia, pelo Sol, possibilitando a retomada da rota correta, encontrando o seu destino.

Nunca esquecer que o Sol nasce no Leste (E) e se põe a Oeste (W).

Dentro dos limites e objetivos deste livro:

Topografia = Agrimensura = Engenharia de medidas (dimensões) de campo e de uso desse espaço.

4. Tipos de trabalhos de topografia: o profissional dessa área

Vejamos quais são as atividades da topografia segundo a Federação Internacional de Geômetras (Agrimensores) – FIG, conforme citadas pela Associação Profissional dos Engenheiros Agrimensores no Estado de São Paulo (APEAESP, 2004).

Quem é o engenheiro agrimensor?

Como adotado pela Assembleia Geral da FIG em 23 de maio de 2004 [...]

Engenheiro Agrimensor é um profissional com qualificações acadêmicas e técnicas para administrar uma, ou mais, das atividades seguintes:

- *Determinar, medir e representar o território, objetos tridimensionais, georreferenciamento de posições e trajetórias;*
- *Reunir e interpretar informações territoriais e geograficamente relacionadas;*
- *Usar as informações para planejar, projetar e administrar de forma eficiente o território, o mar e espaços afins e,*
- *Administrar pesquisas nas práticas anteriormente mencionadas e as desenvolver.*

Funções detalhadas

1. *As atividades profissionais do Engenheiro Agrimensor podem envolver uma ou mais das seguintes atividades as quais podem ocorrer sobre a superfície terrestre ou do mar:*
2. *Determinação da posição, do tamanho e da forma do território e a sua mensuração de todos os dados necessários para a definição da forma e o contorno de qualquer parte do território e o monitoramento de qualquer alteração.*
3. *Posicionamento de objetos no espaço e tempo, como também o posicionamento e monitoramento de características físicas, em estruturas trabalhos e estruturas de engenharia, sobre ou sob a superfície terrestre.*

4. *Desenvolvimento, teste e calibração de sensores, instrumentos e sistemas para os supracitados propósitos e para outros propósitos da agrimensura.*

5. *Aquisição e o uso de informações espaciais, imagem de satélites e aérea e automatização desses processos.*

6. *Determinação da posição de limites do território de domínio público ou privado, inclusive limites nacionais e internacionais, e a inscrição desses territórios com as autoridades apropriadas.*

7. *Projeto, estabelecimento e administração de sistemas de informações geográficas e a coleta, armazenamento, análise, administração, exibição e disseminação de dados.*

8. *Análise, interpretação e integração de objetos espaciais e fenômenos em sistemas de informação geográfica, inclusive a visualização e comunicação de tais dados em mapas, modelos e dispositivos digitais móveis.*

9. *Estudo do meio ambiente natural e social, a mensuração do território e recursos marinhos e o uso de tais dados no planejamento e nos projetos de desenvolvimento em áreas urbanas, rurais e regionais.*

10. *Planejamento e projetos de desenvolvimento de propriedade territorial, urbana ou rural.*

11. *Avaliação, taxação do valor e administração da propriedade, se urbana ou rural e se territorial ou edificações.*

12. *Planejamento, mensuração e administração de trabalhos de intervenção territorial, inclusive a estimação de custos.*

13. *Estudos técnicos legais das propriedades imobiliárias.*

14. *Elaboração de perícias técnicas relativas aos supracitados dos propósitos.*

15. *Nas aplicações precedentes das atividades do Engenheiro Agrimensor levem-se em conta os aspectos legais, econômicos, ambientais e sociais pertinentes que afetam cada projeto.*

No Brasil, a Engenharia de Agrimensura, como habilitação da engenharia, foi criada pela Lei n° 3.144 de 20/05/57, no governo Kubitscheck, quando pretendia o governo federal implantar a reforma agrária, ocupando grandes vazios do território brasileiro.

Em 1964, o Conselho Federal de Engenharia, Arquitetura e Agronomia (Confea) definia as atribuições para o exercício profissional do engenheiro agrimensor. Atualmente, a profissão é regulamentada pela resolução 218/73 do Confea.

5. Apresentação de equipamentos de topografia e diversos conceitos

Apresentamos aos futuros profissionais os conhecimentos básicos da topografia.

Iniciaremos pela definição de alguns materiais, equipamentos de trabalho e termos utilizados na topografia atual:

1. Piquetes: lugares geométricos, pontos na superfície de um terreno que devem ser materializados por peças denominadas piquetes, que podem ser de madeira ou pinos metálicos (estes últimos são instalados em locais pavimentados).

2. Balizas: hastes metálicas com 2 m pintadas nas cores branca e vermelha, alternadas, com 50 cm cada. Auxiliam na visualização de pontos de detalhe ou pontos materializados por piquetes ou pinos metálicos. Como auxiliares nas medidas horizontais, angulares e de distâncias, devem sempre ser usadas na vertical, junto com pequenos prumos (níveis de bolha) que garantem a verticalidade das balizas.

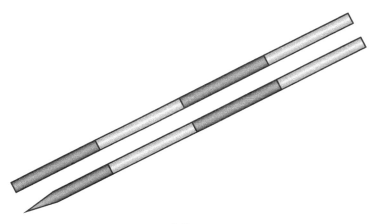

Balizas.

Foto de locação de estrada com seus piquetes localizáveis por testemunhas (hastes verticais pintadas de branco).

3. Ponto: posição de destaque na superfície a ser levantada topograficamente.

4. Testemunhas: as posições dos pontos materializados por piquetes devem ser facilmente encontradas por meio de testemunhas, que são estacas de madeira fixadas no solo próximas aos pontos, com aproximadamente 35 cm dos seus corpos acima do solo, tendo as extremidades superiores pintadas com cor que as destaque do ambiente no qual se encontram, normalmente na cor vermelha, e numeradas de acordo com o número que identifica o ponto. Em locais pavimentados, os pinos metálicos devem ser pintados com um círculo vermelho no piso em que se encontram e uma faixa da mesma cor da parede próxima, quando houver.

5. Estação: termo utilizado para os pontos de apoio de levantamentos topográficos onde são instalados os instrumentos de medição.

6. Medidas diretas de distância – Possibilidades de medidas:
   - passo: medida grosseira só usada em terrenos de pequenas dimensões e tendo em vista uma primeiríssima (e sempre útil) avaliação dos trabalhos. Calibrar (medir) o passo de cada pessoa é algo muito útil;
   - trena manual: de lona, aço ou náilon;
   - trena eletrônica.

7. Levantamento topográfico: emprego de métodos para determinar as coordenadas topográficas de pontos, relacionando-os com detalhes, visando sua representação planimétrica em escala predeterminada e sua representação altimétrica por intermédio de curvas de nível, com equidistância também predeterminada e/ou pontos cotados.

8. Apoio topográfico: conjunto de pontos referenciados planimétricos, altimétricos ou planialtimétricos que servem de base ao levantamento topográfico.

9. Rede de referência cadastral: apoio de âmbito municipal para todos os levantamentos que se destinam a projetos, cadastros ou implantação de obras, sendo constituídos por pontos materializados no terreno com coordenadas planialtimétricas, referenciados a uma única origem (Sistema Geodésico Brasileiro – SGB) e a um mesmo sistema representativo cartográfico, permitindo a amarração e a consequente incorporação de todos os trabalhos de topografia em um mapeamento de referência cadastral.

10. Base produtiva: projeção na vertical dos pontos medidos na superfície do terreno, gerando a real área plana (em nível) utilizável.

11. Medidas angulares: são tomadas com o auxílio do instrumento (aparelho) denominado teodolito, que é, basicamente, um transferidor instalado sobre um tripé e provido de uma luneta. O conjunto é nivelado por parafusos de ajustes (calantes). Do centro geométrico desse conjunto sai um prumo (pode ser fio, visada ótica ou laser) que permite a instalação do centro do instrumento sobre a vertical de um ponto.

12. Mira: haste vertical em alumínio, plástico ou madeira com 4 m de comprimento. É dividida a cada centímetro e a cada metro por cores bem definidas.

13. Referência de nível (RN): determinada altura arbitrária que denominamos cota utilizada como referência em um trabalho de topografia. Pode ser oficial ou adotada no local do trabalho. Quando é obtida em relação ao geoide (nível médio dos mares) é denominada altitude ortométrica.

14. Marco monumentado: ponto dotado de coordenadas x e y arbitrárias ou oficiais – latitude e longitude. Pode também ser definido por uma referência altimétrica.

15. Aparelho de nível: aparelho ótico, mecânico, dotado de luneta de foco regulável e fios estadimétricos horizontais medidores de distâncias, sendo o fio médio o definidor do plano horizontal estabelecido pelo nível do aparelho; o fio estadimétrico vertical é o colimador da visada (posição no terreno). O instrumento é dotado de níveis de bolha reguláveis por parafusos calantes que permitem o pleno nivelamento do conjunto. Alguns níveis são dotados de um limbo horizontal, o que permite a leitura de ângulos. O conjunto é instalado sobre um tripé de altura ajustável. Como acessório, o acompanha uma mira, anteriormente citada.

16. Norte verdadeiro: obtido a partir de cálculos efetuados por meio de instrumentos receptores como o GPS (Global Positioning System – Sistema de Posicionamento Global).

17. Norte magnético: direção indicada pela bússola que pode estar em um ponto a mais de 1.000 km do norte verdadeiro.

18. Quadrantes: por razões históricas e por convenção, o círculo se divide em 360 graus. O círculo tem quatro quadrantes.

19. Noção de escala: é a relação entre a medida real no terreno e a que representamos graficamente em uma planta.

20. Sistema Geodésico Brasileiro (SGB): infraestrutura de referência ao posicionamento no território nacional. O SGB e o Sistema Cartográfico Nacional (SCN) adotaram o Sistema de Referência Geocêntrico para as Américas (Sirgas) em sua conferência no ano 2000 (SIRGAS2000), conforme estabeleceu a resolução do presidente da Fundação Instituto Brasileiro de Geografia e Estatística (IBGE).

21. Teodolito: aparelho mecânico ótico ou eletrônico dotado de uma luneta de foco regulável e fios estadimétricos, medidor de ângulo vertical, medidor de ângulo horizontal, níveis de bolha que possibilitam seu nivelamento horizontal e vertical por meio de parafusos que denominamos calantes e uma bússola. O conjunto se apoia sobre um tripé de altura ajustável, com pouco peso que possibilita facilmente seu transporte e manuseio no campo.

Estação total ou taqueômetro: instrumento óptico mecânico e eletrônico. É um medidor eletrônico de distâncias, nivelado por níveis de bolha.

22. Rumos e azimutes: ângulos que indicam direções em relação à direção norte, ou norte geográfico ou ainda em relação ao norte magnético.
23. Taqueometria: método de execução de levantamento topográfico quando por meio de leituras e cálculos obtemos as distâncias e as diferenças de níveis por medições indiretas, utilizando-se de teodolito e mira.
24. Erros angulares: ocorrem na obtenção de ângulos de forma imprecisa.
25. Erros lineares: ocorrem na obtenção de distâncias de forma imprecisa.

Nota

Todo levantamento topográfico deve levar em conta a propagação de erros e tolerâncias em função da finalidade do levantamento.

6. Bússola: quando usar e não usar

O planeta Terra é envolvido por um enorme campo magnético que explica a seguinte experiência: quando atritamos uma agulha de aço, por exemplo, numa lima, ela ficará imantada, ou seja, cria-se um campo magnético e com polos extremos, norte e sul.

Quando colocamos essa agulha imantada em cima de uma fatia de rolha (cortiça),[1] com duas faces planas, paralelas numa bacia com água, podendo girá-la livremente. Não existirão obstáculos ao movimento da rolha, e a agulha imantada com a rolha girará, apontando para uma direção muito próxima da direção norte-sul. Nasceu uma bússola.

Essa direção, muito próxima da direção norte-sul, se orienta para o polo magnético da Terra próximo ao norte verdadeiro (norte geográfico). A bússola indica, então, o norte magnético, que se localiza aparentemente próximo ao norte geográfico.

Essa invenção (ou descoberta) é creditada à China, e foi popularizada na Europa pelo navegante veneziano Marco Polo.

Veja o esquema a seguir:

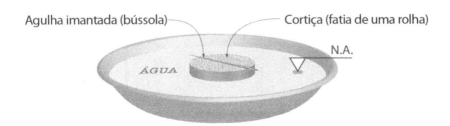

Caro leitor, faça essa experiência ou compre uma pequena bússola. É emocionante repetir o uso de um equipamento popularizado há centenas de anos. Marco

---
[1] Indicamos o uso de uma rolha de cortiça porque a cortiça é leve, com densidade menor que a densidade da água (portanto, flutua) e, com isso, a força magnética consegue atuar, tendo como resultado o giro da peça, que indica a direção norte-sul magnéticos.

Polo, viajante veneziano, teria trazido esse equipamento rudimentar da China no século XIII. No final do século XV, Cristóvão Colombo usou a bússola para chegar à América, que ele pensava ser a Índia (vem daí designar índios os seus habitantes).

As bússolas indicam a linha norte-sul magnética, que é próxima da linha norte--sul geográfica. O ângulo formado entre as duas direções é denominado declinação magnética. Esses ângulos variam de tempos em tempos e de local para local em face de várias influências, e está longe de poder ser negligenciada (esquecida).

Todos os teodolitos antigos tinham bússolas, as estações totais trabalham com os GPS que determinam rapidamente as coordenadas do ponto, mas não determinam a direção norte-sul.

A declinação magnética pode chegar a grandes ângulos de diferença com a linha norte-sul geográfica. O IBGE tem publicação que determina as variações magnéticas periódicas e um mapa com as curvas isogônicas do Brasil.

Notas

1. É importante entender a questão do uso do norte magnético e a linha norte-sul magnética, pois boa parte das escrituras de propriedade de imóveis rurais registradas ainda usava esses conceitos, apesar do advento tecnológico do sistema GPS, utilizado hoje em dia.

2. Há também o Global Navigation Satellite System (GNSS), utilizado na navegação aérea.

7. Mira, a régua para medida de nível. A baliza para visualizar e definir uma posição

A mira (régua) é uma peça de grande comprimento (4 m de comprimento e 10 cm de largura) e deve ser estacionada na vertical e em cima do ponto a ser estudado, demarcado por um piquete. Essa grande régua vertical é uma sinalização visual especial, construída para levantamentos topográficos em geral. Para garantir a sua verticalidade, possui níveis de bolha para que o funcionário "porta-mira" a mantenha na vertical.

A grande função da mira é fornecer elementos para:

- possibilitar o cálculo da altura do ponto no qual a mira estacionou. Nesse caso, a mira auxilia na obtenção de uma medida altimétrica;
- possibilitar, por meio de cálculos trigonométricos muito simples, a estimativa da distância do ponto em que a mira está estacionada em relação ao ponto em que o teodolito está estacionado (medida taqueométrica).

Veja a figura a seguir:

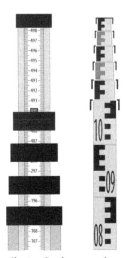

Ilustração de uma mira.

O nível de bolha é um aparelho acoplado à mira para indicar a sua verticalidade (ou a falta de).

Hoje, com equipamentos eletrônicos, por exemplo, uma *smart station* (estação inteligente) e uma peça com haste vertical de cristal quartzo, que reflete o facho de luz enviado pela estação total, obtém-se informações para que seu computador interno calcule distâncias e desníveis.

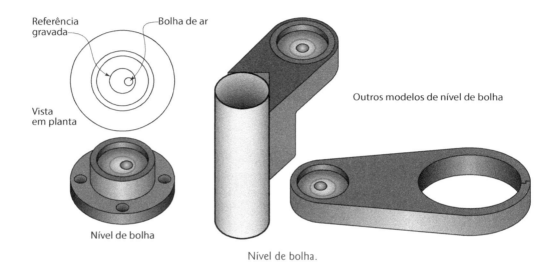

Nível de bolha.

A baliza é uma haste metálica com 2 m de comprimento, pintados alternadamente de branco e vermelho com espaçamento de 50 cm cada. Tem por objetivo ser facilmente identificada a grandes distâncias quando apoiada sobre pontos materializados por piquetes para melhor observação, e também auxiliar nas medidas de ângulos e distâncias. As balizas, quando visadas, devem ser mantidas na posição vertical com o auxílio de prumos de calota, ou seja, nível cantoneiras.

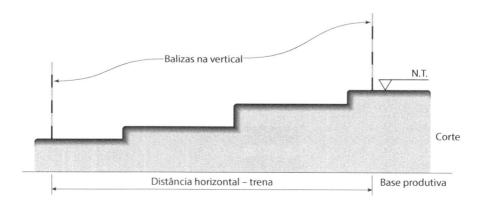

8. O instrumento nível

O nível é um instrumento de alta precisão usado para realizar nivelamento geométrico e tem por objetivo transferir (medir) níveis (altitude/cotas) de pontos. O nível tem como elemento auxiliar uma mira (régua graduada) e, a princípio, não mede ângulos. Alguns fabricantes de níveis podem dotá-los de um limbo horizontal que permite a leitura de ângulos para facilitar locações de áreas.[1]

Os teodolitos e as estações totais também podem transferir níveis e medir alturas, procedimentos que fazem parte do denominado nivelamento trigonométrico, mas fazem isso com menor precisão. Para determinados trabalhos, como fazer o levantamento de uma fazenda, pode-se determinar altitudes/cotas usando-se teodolitos ou estações totais. Todavia, para criar uma rede de referência oficial de marcos altimétricos, o uso do nível é obrigatório ou recomendado, em decorrência de sua maior precisão de medida, para o procedimento de nivelamento geométrico.

Como todos os equipamentos, os níveis têm diversos modelos (e preços), cada um com uma precisão. Veja a classificação de algumas das precisões possíveis de acordo com a NBR 13.133/1994:

- nível de baixa precisão: > ±10 mm/km
- nível de média precisão: ≤ ±10 mm/km
- nível de alta precisão ≤ ±3 mm/km
- nível de altatíssima precisão: ≤ ±1 mm/km

Para a execução de um nivelamento, apresentamos algumas definições:
- seção: trecho entre 2 RN (referência de nível)
- lance: intervalo entre visadas a miras seja à RÉ ou à VANTE
- circuito: polígono fechado por uma sequência de linhas
- linha: sequência de seções

Não se diz que um nível é melhor que outro. Níveis mais precisos são mais caros e mais exigentes no trabalho que outros. Em determinados trabalhos, podemos fazer uma linha poligonal com um nível mais sofisticado, pontos derivados podem

---

[1] A escolha do instrumento sempre ocorre em função da finalidade do trabalho e das tolerâncias estabelecidas pelas normas.

ser amarrados com níveis menos precisos e levantamentos topográficos comuns saem desses níveis obtidos com níveis de menor precisão e/ou usando teodolitos para redes terciárias de informações.

Nas construções de edificações, traçam-se redes de níveis obtidas com instrumentos teodolitos, pois nesse tipo de obra, normalmente, maiores precisões também não são necessárias. Em levantamentos topográficos de terrenos para uso agrícola, não é necessário utilizar instrumentos de nível, já que não há exigência de maiores precisões.

Já para a criação de uma rede de pontos (marcos, *datum*, RN) de referência de nível, o uso do aparelho de nível é obrigatório.

Para a instalação de equipamentos de alta precisão como uma enorme turbina hidráulica, por exemplo, o uso do nível é obrigatório.

Veja o caso a seguir.

Determinar a cota (altitude) do ponto B usando o ponto M, do qual se conhece a cota.

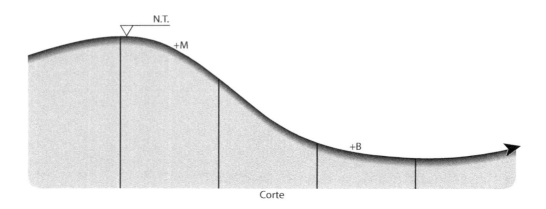

Usaremos o nível.

Claro que para fazer o cálculo e anotar as medidas leva-se em consideração a altura do centro horizontal da luneta do nível.

Lembrete de um velho professor de topografia:

Nos trabalhos de transferência de nível, principalmente nos casos de exigência de precisão, o custo do trabalho é maior no caso de terrenos acidentados que no caso de terrenos mais planos, pois nos terrenos acidentados o número de miradas (ato de instalar o nível, medir o desnível e anotar tudo isso) é bem maior que no caso de um terreno mais plano. Não se esquecer disso na hora de propor honorários profissionais.

Elementos a serem levados em consideração antes de se adquirir um instrumento de nível:

- tamanho do mostrador;
- segurança dos dados;
- possibilidades de salvar o trabalho realizado;
- conforto operacional (tipo de teclado alfanumérico);
- valor do aparelho (custo de aquisição);
- garantia de qualidades das medições;
- se o programa é entregue junto com o instrumento, se ele controla a troca de dados com o computador, a configuração do instrumento, se ele cria listas de códigos e de locação e realiza a atualização do *software* interno do instrumento;
- se o programa processa os dados de nivelamento de forma adequada, se possui um programa opcional, se tem funções de cálculo de linha de nivelamento, ajustes, se cria relatórios, se os dados e os relatórios são gerenciados por um banco de dados etc.

9. Referências de nível (RN)

Se você for fazer um levantamento topográfico de um sítio (área rural) para:

- orientar a semeadura (agricultura);
- executar um movimento de terra para facilitar o trânsito de acesso à sua propriedade;
- definir limites de propriedades;
- locar obras civis comuns (casa, celeiro, estábulos, caixa de água),

você *precisa* amarrar esse levantamento topográfico à uma rede de referência oficial com coordenadas planimétricas e altimétricas.[1] Quando isso não é necessário, esses pontos podem ser arbitrários.

É comum, então, adotar-se um ponto fixo que, provavelmente, não será destruído, como o ponto médio da soleira da entrada de uma casa principal, e adotar arbitrariamente a esse ponto a cota 100 (altitude estabelecida igual a 100 m). A partir dessa cota de controle, todos os níveis da propriedade são determinados e amarrados a ele. O mesmo princípio deve ser adotado para coordenadas planimétricas.

Todavia, nos casos de linhas de alta tensão, como linhas de metrô, é importante utilizar, para a locação, informações de níveis topográficos oficiais e coordenadas geográficas (longitude e latitude oficiais). Temos que amarrar os dados a um sistema nacional de informações denominado Sistema Geodésico Brasileiro (SGB) ou outro sistema a ele vinculado.

Vamos nos ater, neste capítulo, ao assunto níveis (altitudes). Um sistema oficial de referências de níveis (RN) parte de um ponto muito bem definido por um equipamento denominado marégrafo.[2] Está estabelecida por convenção para o nível do mar a altitude zero, a partir desse ponto, usando-se instrumentos de níveis de alta precisão, executa-se o transporte ponto a ponto à altitude dos diversos locais. Quando um ponto é chamado de referência de nível (RN) de altitude 438,762 m, isso quer dizer que esse ponto tem altura de 438,762 m em relação à cota zero oficial de um ponto junto ao mar.

---

[1] O *datum* altimétrico oficial está referenciado ao nível do mar.

[2] Marégrafo é um equipamento que mede e registra a oscilação do nível do mar em uma localidade.

No Brasil, a altitude zero oficial foi definida pelo órgão federal Fundação Instituto Brasileiro de Geografia e Estatística (IBGE) e está localizado no litoral de Santa Catarina, em Imbituba (esse ponto é denominado *datum*), junto a um marégrafo, local com um instrumento que mede e registra os níveis do mar. Essa altitude definida como zero foi transferida para vários pontos pelo Brasil, criando-se uma rede de RN. Se precisarmos fazer um levantamento ou locação de obras na cidade de Nova Porangaba do Sul, é provável que lá exista um RN que indica:

- número do RN;
- altitude em metros em relação à altitude zero (RN oficial do IBGE);
- coordenadas geográficas (longitude e latitude).

No passado, por falta de um sistema como o do IBGE, várias entidades tinham os seus RN próprios, como as estradas de ferro, as companhias de eletricidade etc.

A cidade de São Paulo teve seu próprio sistema de RN, tendo sido deixada pela cidade uma rede de pontos, o que facilitava muito os levantamentos, pois sempre havia a distâncias de, no máximo, cinco quilômetros, um marco de RN, e de lá se podia levantar as informações sobre altitudes.

No estado de São Paulo, o saudoso Instituto Geográfico e Geológico (IGG),[3] por exemplo, tinha sua rede de marcos de RN. Quando era necessário ir a uma cidade paulista não conhecida, para saber se havia alguma informação de RN, dois locais eram consultados:

- a porta principal da estação ferroviária, caso houvesse um marco da estrada de ferro;
- a praça principal, em frente à igreja matriz, no caso do IGG. A igreja matriz era sempre da Igreja Católica Apostólica Romana.

---

[3] O IGG implantou uma rede de nivelamento de precisão ao longo das principais estradas (na época de terra) com RN a cada 5 km. Posições astronômicas (latitude/longitude) foram determinadas nas principais cidades do estado e devidamente monumentadas.

O marégrafo mede e registra a oscilação do nível do mar no ponto usado como RN. A oscilação pode ser causada por:

- marés (atração da Lua e do Sol);
- ventos;
- conformação do local;
- correntes marítimas.

A partir dos dados do marégrafo, cada país estabelece, por norma, o seu zero altimétrico (RN).

No caso do Brasil, o marco n. 1 está situado em terra firme em Imbituba, SC, próximo ao marégrafo, e tem sua altitude registrada em 2,341 m.

Notas

1. Não confunda altura de um ponto com altitude desse ponto. Altitude é a distância vertical desse ponto em relação ao nível do mar. Altura é a distância vertical de um ponto até outro ponto que eu considere como referência. Um prédio em São Paulo tem 24 andares e, como cada andar tem algo em torno de 3 m, a altura do prédio em relação ao nível da rua é: 24 × 3 m = 72 m.

2. O ponto do Brasil com a maior altitude é o Pico da Neblina, que tem sua cota máxima a 2.993,8 m, ou seja, esse ponto está a 2.993,8 m acima do nível do mar.[4]

Curiosidades

1. As antigas estradas estaduais (DER-SP) de terra, em São Paulo, tinham uma rede de nivelamento intercalada de 5 km implantada pelo IGG, representados por marcos de concreto com as seguintes características:

- pino alto: nivelamento de pequena precisão, pois a cabeça (parte superior) do marco tinha o formato de um tronco de pirâmide e era deslocável;
- pino baixo: nivelamento de precisão, situado dentro do tronco de pirâmide.

---

[4] A descoberta de que o Pico da Neblina tem a maior altitude no Brasil é algo recente. Há pouco tempo, acreditava-se que o pico mais alto era o Pico da Bandeira, na Serra da Mantiqueira.

2. Para a obtenção de uma altitude aproximada de um local, usa-se um aparelho denominado altímetro com nome técnico de aneroide em que a altitude é obtida em função da pressão atmosférica local e levando-se em consideração a temperatura no momento da medição. A média das várias leituras em diferentes horários permite que se tenha maior precisão na medida.

3. O conhecimento de que a água ao nível do mar ferve aos 100° C gerou a construção de uma tabela que determinava altitudes em função da redução de pressão atmosférica com o aumento da altitude, reduzindo proporcionalmente o ponto de fervura da água. Esse método foi utilizado por antigos exploradores para determinação das altitudes de nascentes de grandes rios (Nilo, por exemplo), contravertentes e altitudes de montanhas.

4. Apresentamos a seguir uma foto do histórico RN instalado nos primeiros anos do século XX, na Escola Politécnica da Universidade de São Paulo, atual Faculdade de Tecnologia de São Paulo (Fatec), na avenida Tiradentes, em São Paulo, fruto da iniciativa da empresa Light Serviços de Eletricidade para orientar as obras de energia elétrica do estado de São Paulo.

Foto cedida pelo engenheiro Acácio Eiji Ito, professor da Fatec e ex-aluno da Escola Politécnica da USP (Poli-USP).

Veja a seguir fotos de diversos RN e de um vértice. Destaca-se a informação de que são numerados, bem fixados e protegidos por lei.

RN DO IBGE   VÉRTICE DA MASTER GEO ENGENHARIA   RN DA EMPRESA TOPOSOLO   VERTICE DA EMPRESA VECTOR

10. A divisão do círculo em graus, minutos e segundos; o radiano; a medida grado

Para avançarmos no estudo da topografia, devemos recordar conceitos da velha mãe geometria.

Por razões históricas e por convenção, o círculo se divide em 360 graus. O círculo tem quatro quadrantes.

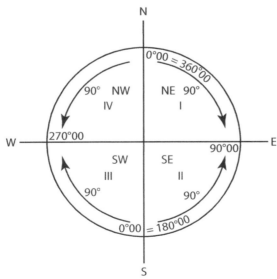

Cada quadrante do círculo tem, portanto, 90 graus: 90°.

Cada grau se divide em 60 minutos ('): 60'.

Cada minuto se divide em 60 segundos ("): 60".

Assim, sabemos que o ângulo escrito como 34°17'49" tem 34 graus, 17 minutos e 49 segundos.

As simbologias (°), (') e (") são específicas da geometria, não devendo ser usadas em indicações de unidade de tempo ou de temperatura.

Lembrando que o valor de π (pi) é, aproximadamente, igual a 3,14159, apresentamos outra forma de indicar ângulos por meio da medida radiano (rd). O perímetro (C) de um círculo tem por convenção 2π (pi) radianos e, portanto, um radiano é calculado como:

$$360° \longrightarrow 2 \times 3{,}14159 \text{ rd}$$
$$Y \longrightarrow 1$$
$$Y \times 2 \times 3{,}14159 \text{ rd} = 1 \times 360°$$
$$Y = 360°/2 \times 3{,}14159 \text{ rd} = 57{,}29° = 1 \text{ rd}$$

A medida radiano é mais utilizada na linguagem científica do que na linguagem da tecnologia, que é a nossa linguagem, sendo que também valem as seguintes definições:

- ângulos com 90° são chamados de ângulos retos;

- ângulos com medidas menores que 90° são chamados de ângulos agudos;

- ângulos com medidas maiores que 90° são chamados de ângulos obtusos.

Dois ângulos que somam 90° são chamados de complementares, e, se somam 180°, chamam-se suplementares.

Também pode ser utilizada a medida grado, que é a divisão de um quadrante (90°) por cem. Ou seja, a medida grado dos ângulos de um círculo é de 400 graus.

$$1 \text{ grado} = 90°/100 = 0{,}9°$$

Essa medida grado, por ser decimal, é mais lógica, mas é pouco utilizada no Brasil.

Seja,

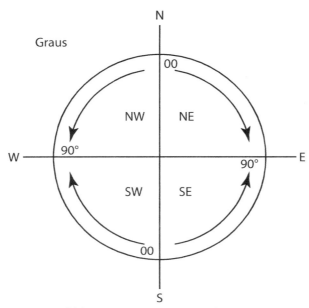

Divisão em rumos – quatro quadrantes.

Com esses ângulos com notação em graus ou grados, utilizaremos as calculadoras eletrônicas, e poderemos calcular as importantes funções seno, cosseno e tangente.

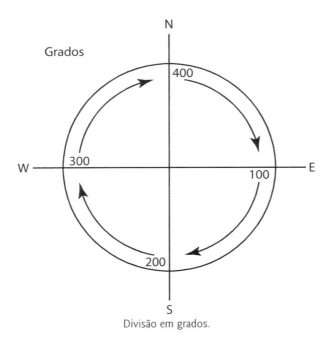

Divisão em grados.

Nota de ênfase e reforço

Não devemos misturar as notações de minutos e segundos da Geometria com a medida do tempo. A grafia das unidades deve ser diferente, inclusive para não dar confusões.

Veja:

18°32'45" é a medida de um ângulo de 18 graus, 32 minutos e 45 segundos.

E 18 horas, 32 minutos e 45 segundos é uma medida de tempo.

Podemos também utilizar a chamada notação decimal, que é usada em calculadoras e computadores. Veja no caso anterior, de 18° 32' 45":

$$1' = 1/60° \rightarrow 32'/60° = 0,533$$
$$45" = 45/(60 \times 60) = 0,0125$$

Logo, 18°32'45" = 18° + 0,533° + 0,0125° = 18,5455°.

A partir desse valor, calcularemos seno, cosseno, tangente e as demais funções trigonométricas.

- seno 18°32'45" = sen 18,5455° = 0,31804.
- cosseno 18°32'45" = cos 18,5455° = 0,94807.
- tangente 18°32'45" = tg 18,5455° = 0,33548.

11. Rumos e azimutes: formas precisas de indicar ângulos e direções

Apresentaremos agora os conceitos de rumos e azimutes, expressões muito usadas em escrituras de terrenos e em outros documentos legais. São formas de informar ângulos com maior clareza do conceito.

Seja um terreno rural ou urbano, se ele for delimitado por uma cerca, poderá haver briga entre vizinhos causada pela posição da cerca. Cabe ao topógrafo locar a cerca de acordo com os documentos oficiais, como uma escritura ou uma decisão judicial.

Nesses casos, podem aparecer os dois conceitos de rumo e azimute, formas alternativas e corretas para indicar uma direção.

- rumo: ângulo que uma direção (cerca) faz com a linha norte-sul geográfica ou magnética. Portanto, com origem no norte ou no sul, o rumo varia de 0° a 90° para E (Leste) ou para W (Oeste). Também há divergência causada pela declinação magnética.
- azimute: ângulo que é medido a partir da linha norte-sul com origem no norte (geográfico ou magnético), no sentido horário. Sempre há divergência entre o azimute magnético e o azimute geográfico (linha norte-sul verdadeira), causada pela declinação magnética.

Veja a figura a seguir.

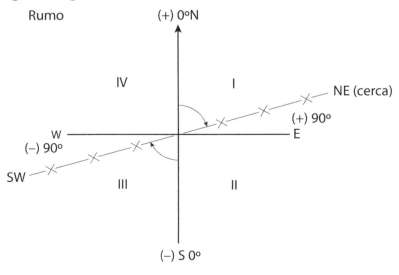

I, II, III e IV são quadrantes.

Notas

---

1. Podemos, alternativamente, nos referir ao azimute. O azimute de uma direção (cerca) é o ângulo dessa direção geográfica com a linha norte-sul, medida sempre no sentido horário, desde a direção Norte. Veja:

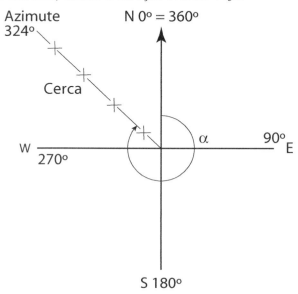

2. O ângulo azimute deve ser medido sempre no sentido horário. Ele varia de 0° a 360°; no exemplo, α = 324°.

Sempre devemos usar a linha norte-sul geográfica e nunca a norte-sul magnética, pois com a declinação magnética variando, a posição da cerca ficaria variando!!!

Mas, na falta de linha norte-sul (NS) verdadeira ou geográfica, teremos que usar a orientação norte-sul magnética (situação encontrada nas antigas escrituras de fazendas).

Definido o rumo ou azimute com mais de um ponto (por exemplo, um marco), a orientação direção da cerca fica definida geometricamente, restando colocar marcos ao longo dela.

Se em uma escritura de um imóvel consta: "a propriedade começa na Estrada do Bom Conselho, altura do km 17, onde está uma árvore nogueira de grande tamanho, a cerca de limite de propriedade começa na nogueira com a direção azimute de 20° e 14 min". Veja a figura correspondente.

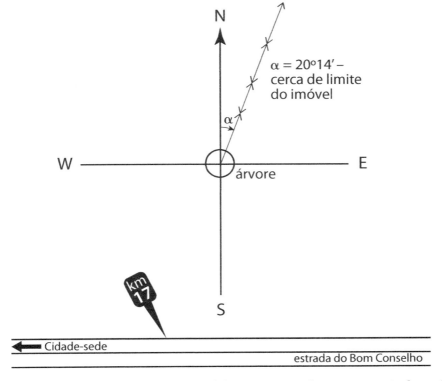

No caso da adoção do norte magnético, sempre deve ser anotada a data de tomada do dado para futura correção da variação magnética.

Portanto:
- o rumo (nesse exemplo é 20°14') é sempre igual ou menor que 90 graus (90°);
- o azimute varia de 0 grau a 360 graus (0° a 360°);
- ambas as formas são corretas e optativas para definir direções, desde que seja citado se trata-se de azimute ou rumo e o valor do ângulo.

12. Conversão de unidades de medidas

O sistema oficial de medidas é baseado no sistema métrico hoje denominado de Sistema Internacional de Unidades (SI).

Para a topografia de obras civis, interessam as seguintes unidades oficiais mais comumente usadas:

- milímetro e centímetro para obras civis com ênfase em obras metálicas;
- metro, quilômetro e centímetro para distâncias;
- metro quadrado (m^2) para áreas de lotes urbanos residenciais;
- hectare (ha = 10.000 m^2) principalmente para medidas de áreas agrícolas;
- quilômetro quadrado (km^2) para medida de área de municípios, estados, países ou regiões.

Ainda permanecem em uso as unidades de origem inglesa, principalmente nas áreas industrial e de navegações aérea e marítima (medidas como polegada, pé, jardas, milhas terrestres e milhas náuticas).

Como unidades de medida de distância e medidas inglesas antigas, algumas em desuso, temos:

- légua marítima = 5.555,5 m;
- milha terrestre = 1.609 m;
- milha marítima = 1.852 m;
- pé = 0,3048 m;
- polegada = 0,0254 m;
- passo ordinário = 0,825 m;
- jarda = 0,91432 m, passo médio de um homem adulto. A marca do pênalti em um jogo de futebol está a onze jardas da linha do gol (0,91432 × 11,0 = 10,05 m);
- légua terrestre = 6.660 m.

Na área agrícola, nas medidas de área, também são utilizados:
- alqueire paulista = 24.200 m^2;
- alqueire mineiro = 48.400 m^2.

Outras expressões regionais

Na região de Bragança Paulista (SP), existem escrituras que expressam áreas como equivalentes a litros de semente, pois uma medida de área, no passado, era a área equivalente àquela, adequada a certa quantidade no plantio de sementes.

No mundo marítimo, ainda existem a milha marítima (1.852 m) e o nó, que são as expressões da velocidade de um barco. O nó é uma milha marítima por hora e, portanto, 1.852 m/h. Uma embarcação que viaja com velocidade de dez nós nos informa que sua velocidade é de 18,52 km/h.

Apenas como referência, a velocidade de um transatlântico atual no mar é de 30 km/h, algo como 16 nós.

A unidade "nó" está ligada ao passado e referia-se à velocidade de um barco. Seguramente, usando uma corda com nós igualmente espaçados e um marcador de tempo, podiam calcular a velocidade de uma embarcação.

Vejamos as conversões de unidades:
- 1 m = 10 dm
- 1 m = 100 cm
- 1 m = 1.000 mm
- 1 hm = 100 m
- 1 ha = 10.000 m^2
- 1 km^2 = 1.000.000 m^2 = 10^6 m^2 – medida expressa em notação científica

Atenção para as grafias:
- para os símbolos, não se usa "s" no plural. Assim, 1 m, 3 m, 14,9 m;
- depois do símbolo, não se usa ponto, a não ser em caso de final de frase. Veja: "A casa azul tem 12 m de frente. Acho que de fundos essa casa tem 31 m.";
- no caso de uma unidade homenagear uma personalidade (por exemplo, o físico Watt), o símbolo deve ser escrito com letras maiúsculas e, por extenso, com letras minúsculas. Assim, 38 W quer dizer 38 watts;
- é exceção M (mega), que significa milhão (10^6). O uso de letra maiúscula é para diferenciar de m (metro);
- o símbolo de mil é k (kilo). Assim, uma distância de 38.000 m pode ser expressa como 38 km;

- a unidade volumétrica de litro, para clareza, pode ser indicada por l ou L. Assim, podemos escrever: 38 l ou 38 L.
- mililitro = 1,0 cm^3 = 1,0 ml

Atenção para a expressão 38,7832 m^2.

Ela quer dizer 38 metros quadrados, mais 78 decímetros quadrados, mais 32 centímetros quadrados.

A expressão: 745,320987 m^3 quer informar: 745 metros cúbicos, 320 decímetros cúbicos e 987 centímetros cúbicos.

Um litro é o volume de um decímetro cúbico, ou seja, vale 1 dm^3 e, portanto, 1.000 cm^3, ou seja, 1.000.000 mm^3.

Inversamente 1,0 ml = 1 / 1.000 l = 1,0 cm^3.

Outros sistemas antigos de medida que perduram:
- dúzia: doze;
- resma (de papel): 500 folhas;
- grosa (de lápis): 12 dúzias = 12 x 12 = 144 lápis;
- arroba (de carne): 14,689 quilos (adotado 15 kgf);
- hectolitros: a cerveja, na sua produção industrial, usa uma unidade métrica pouco comum, o hectolitro (100 l);
- garrafa: antiga medida de capacidade de bebidas, a garrafa contém 600 cm^3, ou seja, 0,6 l;
- mililitro: 1 cm^3, medida de volume, para pequenas quantidades de líquidos, como remédios;
- barril de petróleo: 158,98 litros.

Notas

1. Enfatizamos: o sistema decimal se impõe. Assim, o ângulo 32 graus, 30 minutos e 16 segundos deverá ser grafado na forma decimal como 32,516 graus.

Veja por que:
- 30 minutos = 0,5 grau;
- 6 segundos é 6/360 = 0,016 graus;
- 32 + 0,5 + 0,016 = 32,516 graus.

2. Atenção para a chamada "notação científica": para números de grande valor, para facilitar sua visibilidade, usaremos potência de 10. Veja: um determinado país tem uma área de 2.173.412 km^2. Com a notação científica, podemos escrever: $2,173412 \times 10^6$ km^2.

Notas de alerta

1. Para grandes números, devemos utilizar a notação científica $X.10^Y$, de compreensão universal, que evita qualquer desconhecimento de sua real grandeza.

2. No sistema inglês há uma inversão no uso dos símbolos ponto (.) e vírgula (,).

Assim, um retângulo de lado 132,7 m e 425,1 m terá a seguinte área:

- se medida no sistema métrico, a área do retângulo será:
  132,7 m × 425,1 m = 56.410,77 m²
- se medida no sistema inglês, será:
  132.7 m × 425.1 m = 56,410.77 m²

13. Medindo distâncias horizontais: trena simples e trena eletrônica

Começamos a descrever os instrumentos usados pela topografia. O ato de medir uma distância talvez tenha sido um dos primeiros atos do ser humano relacionado com as medições.

Devemos nos lembrar sempre de que:

- a fita métrica de costura é uma trena;
- medir é comparar algo com uma medida-padrão;
- a medida-padrão inicial deve ter sido o passo;[1]
- a medida "metro" é hoje a unidade de medida universal e resulta de uma convenção internacional. Historicamente, o metro resultou da divisão do círculo máximo da terra. Como a medida dessa parte do círculo máximo alterava-se com o avançar das técnicas de geodésia, definiu-se então o metro como a distância entre dois traços em uma barra de metal guardada em Sévres, na França. O Brasil recebeu uma cópia dessa barra para calibrar seus instrumentos de medida. Hoje, no século XXI, o metro é definido a partir de situações de medidas atômicas.

Na prática, temos, hoje em dia, para medir distâncias em terrenos:

- passo: medida grosseira só usada em terrenos de pequenas dimensões e tendo em vista uma primeiríssima (e sempre útil) medida. Calibrar (medir) o passo de cada pessoa é algo muito útil;
- trena manual: de lona, de aço ou náilon;
- trena eletrônica;
- medidor eletrônico de distância – MED (infravermelho, *laser*).

---

[1] No curso de Topografia de um dos autores, o professor sempre insistiu que devíamos "calibrar o passo" para usá-lo em inspeções iniciais. No serviço militar, até há alguns anos, havia intenso treinamento na calibragem do passo humano.

Apesar do sistema métrico agora imperar no mundo, prevalecem, ainda hoje, antiquíssimas medidas em certos assuntos de interesse do ser humano. As medidas do futebol são feitas em passos (jardas: a marca do pênalti é de onze passos da linha do gol). No interior do país, usam-se também para medidas de área as unidades alqueires e léguas, e, em velhas escrituras de imóveis, encontram-se medidas do tipo "palmos".

Atenção: na topografia há um princípio sagrado e intocável. Distância (e) é a medida horizontal entre as verticais de dois pontos. Veja:

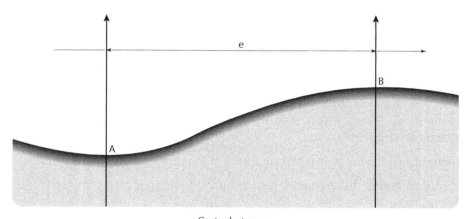

Corte do terreno
e – distância horizontal entre A e B.

Há inúmeros casos em que essa distância, assim definida como a medida horizontal, não corresponde à realidade do projeto. A medida a ser adotada é a que acompanha o desenvolvimento vertical do terreno. Em estudos de estradas em regiões de serra, se usarmos a distância horizontal para calcular a despesa com pavimentação asfáltica, erraremos bastante, pois a medida da distância, no caso, deve ser a distância desenvolvida (M, N, P, R, T, Z). Veja:

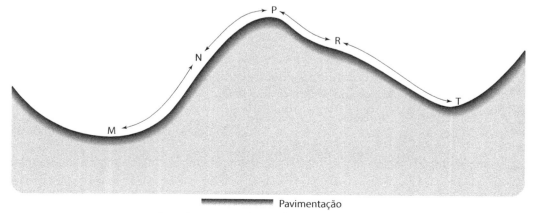

Corte de segmento da estrada em região de serra.

Medições de desenvolvimento vertical de distâncias (eixos de estradas) devem ser obtidas do corte longitudinal da estrada a se pavimentar. A área pavimentada será influenciada pelo maior desenvolvimento provocado pela sinuosidade do terreno, obtido com o corte longitudinal.

A contratação de um nivelamento entre dois pontos, em local muito acidentado, vai exigir muito mais pontos de estacionamento de instrumentos de medida se comparada ao nivelamento em locais planos.

Verifique sempre de que tipo de distância está se falando.

O mesmo vale para a medida de áreas que, em topografia, é sempre a projeção em um plano horizontal de uma superfície.

Nota

Se vamos medir a distância entre dois pontos utilizando uma trena sem apoio intermediário (no caso de dois pontos separados por um córrego), a trena ficará suspensa no ar, sustentada apenas pelas extremidades. Haverá, então, uma deformação na medida da trena causada pelo seu peso. Denominamos essa deformação de catenária, ou seja, se a distância real entre dois pontos for de 13,47 m, a medida da trena, nesses casos, sempre será um valor maior e resultará pela trena, por exemplo, no valor de 13,53 m, ou seja, em uma diferença de 0,06 m (= 6 cm), a qual deverá ser corrigida.

As trenas de boa qualidade têm gravadas em sua origem a temperatura ideal de utilização e a tensão a ser aplicada às suas extremidades quando totalmente esticadas, com o uso de tensores manuais.

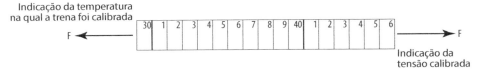

Detalhe de uma trena.

Tensão = Força (F)/Área da seção transversal da trena

Os medidores eletrônicos de distância oferecem soluções mais rápidas e precisas quando bem calibrados.

14. Medidas angulares: teodolito

Um dia, o homem inventou a trigonometria, ciência matemática que correlaciona ângulos e medidas lineares. Numa outra época, inventou a luneta. Com isso, se inventou um tosco aparelho ótico chamado teodolito, que associa a luneta a um círculo horizontal gravado de 0° a 360° e um círculo vertical gravado de 0° a 360°, possibilitando medir ângulos, uma mira (régua vertical) e balizas (hastes verticais para mostrar pontos de interesse). Dessa forma, ampliou-se o mundo das medidas de campo. Uma invenção chinesa facílima de construir e usar, denominada bússola, foi incorporada ao conjunto, ajudando a definir a direção norte-sul, o denominado norte magnético.

Topógrafo trabalhando no campo. Notar, no fundo da paisagem, uma precária cerca com mourões de madeira e arame para definir os limites de propriedades.

O teodolito (com o apoio da ótica):

- mede ângulos horizontais como um transferidor escolar, oferecendo a possibilidade de giro quando instalado em uma pequena mesa, que deve ser plana horizontalmente;
- mede ângulos verticais como um transferidor, quando instalado verticalmente;
- juntamente à bússola, indica a linha norte-sul magnética, quase igual à linha norte-sul verdadeira (geográfica).

Com esse aparelho e uma mira, as medidas de distâncias e de desníveis ficaram mais fáceis de serem obtidas (técnica da taqueometria),[1] embora menos precisas do que seriam com o uso de medidas diretas, com trena na horizontal e mira (régua vertical), considerando não existirem erros grosseiros.

A topografia explodiu e se expandiu com a invenção do teodolito, mesmo ele sendo, inicialmente, algo tosco (grosseiro).

Com a leitura na mira com auxílio dos fios estadimétricos e a leitura do ângulo vertical é possível calcular indiretamente distâncias e desníveis.

Com o tempo, o teodolito evolui, melhorando as medições.

Todo o mundo civilizado começou a fabricar teodolitos e, com isso, ele se tornou mais preciso, fácil de operar e barato.

Com a fácil medida de ângulos e utilizando-se tabelas e conceitos da trigonometria relacionando ângulos e medidas lineares, é possível obter todos os dados de triângulos a partir de poucos dados.

Veja:

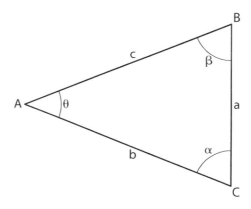

---
[1] Veremos isso mais adiante neste livro.

Sendo:

- α, β, θ: ângulos internos do triângulo.
- A, B, C: vértices do triângulo.
- a, b, c: medidas dos lados do triângulo.

Para resolver (definir) um triângulo, necessitamos de:
- três dados;
- pelo menos um dado que seja uma medida de distância (a, b ou c).

Melhora do teodolito – Medida de nível

A construção do teodolito melhorou com o tempo e ele já consegue medir, de forma indireta (método da taqueometria):

- a diferença de nível entre dois pontos sem precisar da instalação do aparelho teodolito no segundo ponto;
- a distância entre dois pontos.

Teodolito (histórico).
Fonte: D. F. Vasconcelos.

O teodolito antigo (chamado agora de teodolito ótico mecânico) adentra na era da informática e incorpora novas tecnologias e recursos denominando-se estação total.

O teodolito antigo (que podemos chamar de teodolito mecânico) foi intensamente usado até a virada do século XXI. Após esse período, ele começou a ser superado pela estação total.

Vejamos as diferenças:

1. O teodolito mecânico mira, por meio de uma luneta, uma baliza (simples haste vertical de sinalização de um ponto) ou uma mira (régua graduada).

    A estação total mira uma peça com um cristal associado a uma baliza.

    A estação total emite um facho de luz que se reflete na peça de quartzo e volta para a estação total, que registra os dados gerados, uma distância e uma diferença de nível.

2. O teodolito mecânico, por meio da luneta, permite verificar dados de distância e diferença de nível, anotando-se os dados em caderneta de campo com padrão de anotações.

    A estação total registra os dados de medida no seu computador interno.

3. Com os dados do teodolito mecânico, no escritório, são feitos cálculos a partir dos dados que estão anotados manualmente na caderneta de campo.

    A estação total processa, rapidamente, os dados que mediu eletronicamente, esteja esse teodolito onde estiver, até no local das obtenções das medidas.

4. Com os dados processados com o teodolito mecânico são feitos desenhos da área levantada. Utilizando-se tabelas, fazem-se cálculos da área levantada. Graças à bussola, determina-se a direção norte-sul magnética e, com o estudo da declinação magnética no local, e com a data do levantamento, pode-se corrigir a direção norte-sul magnética para direção norte-sul geográfica.

    Analisemos o que se faz com a estação total: no escritório, interligando um computador e um programa de computador específico ao aparelho estação total, obtemos, em minutos, o desenho da área levantada e sua área.

    Com a utilização de aparelho GPS, podemos anotar a direção norte-sul verdadeira (chamada de direção norte-sul geográfica). Insistimos na informação de que o GPS, sozinho, não determina a direção norte-sul verdadeira. Por meio da obtenção com GPS de duas posições devidamente interligadas, teremos o rumo e a distância, possibilitando assim a descoberta do norte verdadeiro.

Classificação dos teodolitos de acordo com a NBR 13.133

- Precisão baixa: $\leq \pm 30$".
- Precisão média: $\leq \pm 07$".
- Precisão alta: $\leq \pm 02$".

Nos instrumentos denominados estação total estão incorporados:

- nível eletrônico;
- distanciômetro eletrônico (medidor eletrônico de distância – MED);
- componente de medição de ângulos;
- computador.

Moral da história

Embora, em essência, sejam instrumentos precisos, e isso é muito importante de saber, a estação total é mais rápida (muito mais) que o teodolito mecânico, e muito mais precisa. Mas é importante conhecer, assim como experimentar, a utilização do teodolito.

Uma pessoa só deve começar a usar a estação total depois de ter efetivado os seguintes procedimentos:

- medir distâncias usando o passo como critério de medida (cada passo valendo algo entre 0,7 m e 0,9 m);
- medir distâncias com trena;
- orientar obras usando níveis de mangueira com água para transferir dados altimétricos e usando trenas para fixar cotas verticais a partir das cotas transportadas;
- definir a direção vertical com fio de prumo;
- orientar a construção de alicerces, ortogonais uns aos outros, usando como critério de medida o famoso triângulo 3 : 4 : 5;
- definir a direção norte usando ou a bússola, ou olhando a posição da direção norte-sul, sempre lembrando que há uma regra imutável: o Sol nasce a leste (símbolo internacional: E) e se põe a Oeste (símbolo internacional: W).

Conclusão

Se quisermos dirigir um avião a jato comercial com centenas de passageiros, devemos ter pilotado antes, num aprendizado, um avião com motor de hélice, de dois lugares.

Não se chega ao segundo andar sem passar pelo primeiro andar.

Concepção do aparelho teodolito: reforço de informações

Chama-se teodolito o aparelho ótico (instrumento) que mede ângulos, tanto ângulos num plano vertical quanto num plano horizontal.

O teodolito pode ser entendido como um enorme e muito preciso conjunto de dois transferidores escolares, um para medir ângulos num plano horizontal, e o outro, para medir ângulos num plano vertical, tendo acoplado uma luneta, para ver, com detalhes, pontos distantes.

O teodolito, em levantamentos de menor precisão, pode ser usado como um "aparelho de nível", ou seja, um aparelho que serve para medir cotas associado a uma mira (régua vertical) e com possibilidade de transportar cotas (níveis).

O teodolito pode ser usado em levantamentos rurais ou urbanos, em obras de infraestrutura, como um taqueômetro, ou seja, um aparelho que, por medidas visuais, mede distâncias e desníveis ("taque" é uma expressão de origem grega que quer dizer "rápido"). Essas medidas de distância chamam-se medidas indiretas.

Assim, para locar cercas, muros e orientar trabalhos de topografia em geral, o teodolito é a principal figura junto com a trena.

Para resgatar a história do passado, o Brasil produziu teodolitos simples e práticos da marca DF Vasconcelos.

Nota

O teodolito DF Vasconcelos[2] tem leitura direta de 1', passível de interpolação de 30".

O teodolito, para executar as suas funções tanto nas suas versões antigas quanto nas modernas, normalmente se compõe de:

- luneta para ver a grandes distâncias com precisão;
- alidade: dispositivo para medir ângulos horizontais e verticais com grande precisão, dependendo de cada aparelho;
- bússola para determinar o norte magnético;
- níveis de bolha para acertar a horizontalidade do aparelho;
- prumo ótico ou mecânico;
- tripé de apoio que ajusta o aparelho às características do local. A altura do aparelho varia de local para local, e a sua altura deve ser medida caso a caso.

Associada ao teodolito, mas independente dele, temos a mira (régua vertical que deve ser segurada por um funcionário auxiliar no ponto de visada), equipa-

---
[2] Aqui apresentado como uma referência histórica e de mérito, pois foi criado e fabricado no Brasil.

mento para trabalharmos em conjunto na obtenção das medidas de ângulos e distâncias. A baliza apenas indica a posição de um ponto em um terreno.

As medidas de ângulos feitas a partir de teodolitos chamam-se medidas diretas.

Por meio dos teodolitos e utilizando-se miras, podemos determinar medidas de distância chamadas medidas indiretas. Vejamos, usando os recursos da trigonometria, como calcular uma distância utilizando um teodolito e uma mira (taqueometria).

Rotina básica de uso de um teodolito não eletrônico (teodolito mecânico)

Essas rotinas são as principais:

- instala-se, em um ponto escolhido, o teodolito;
- calibra-se o teodolito de maneira que o seu eixo principal fique na vertical (nivela-se sucessivamente dois níveis de bolha). Se o disco estiver na horizontal, o eixo estará na vertical;
- a mira e a baliza também devem estar na vertical; usam-se níveis de bolha acopláveis a esses dois equipamentos para garantir a sua verticalidade;
- medem-se os ângulos, que são anotados numa caderneta própria, com folhas-padrão para essas anotações.

Se o trabalho for de taqueometria, só os ângulos e a visada na mira nos darão:

- distâncias a pontos desejados;
- diferenças de altura.

Se o levantamento dos níveis não for possível por meio de medidas taqueométricas, que são as medidas indiretas, usaremos trena, o aparelho de nível e a mira graduada.

Exemplo:

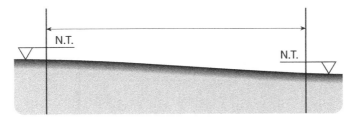

Corte de terreno quase plano.

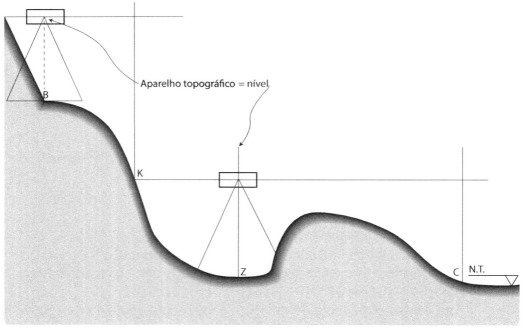

Corte de terreno com forte desnível. K e Z são pontos intermediários de apoio face ao grande desnível BC.

Saibamos que:

- aparelho de nível: aparelho de alta confiabilidade e precisão que tem a função de medir níveis em trabalhos que exigem precisão;
- taqueômetro: aparelho destinado a medir com pouca precisão, mas, muitas vezes, aceitáveis ângulos e distâncias;
- no levantamento de sítios e chácaras, podemos usar o taqueômetro. Hoje em dia, os teodolitos fazem o mesmo que os taqueômetros e, portanto, podemos associar:

$$\text{taqueômetro} = \text{teodolito}$$

Neste livro, usaremos o teodolito como nível, o que é aceitável em trabalhos que não exigem grandes precisões (99% dos trabalhos não exigem alta precisão), como medidas de terrenos, glebas e fazendas.

Assim, usaremos o teodolito em substituição do aparelho de nível.

Aparelho nível.

Nota

Orientamos o profissional de campo de topografia que, ao efetuar visada a uma mira, procure ler os valores na extremidade inferior da mira, por motivo da dificuldade inerente da manutenção da perpendicularidade da mira sobre o piquete, por exemplo, pelo efeito dos ventos, da inclinação desmesurada do terreno etc. A parcela inferior da mira deverá sofrer menos os efeitos da não perpendicularidade, diminuindo ou aliviando as possibilidades de erros de leitura.

15. Estação total

Com o avançar da tecnologia dos instrumentos, todos eles foram substituídos pelo aparelho estação total, que é uma aquisição de alto custo. Esse aparelho de alta precisão, quando acoplado a um computador, calcula e fornece, usando programas digitais, desenhos do levantamento realizado.

A mira do teodolito eletrônico chama-se *smart station*, que é uma baliza dotada de um refletor da luz emitida por esse aparelho. A luz devolvida ao teodolito possibilita o cálculo da medida de distância e da diferença de altitude.

O aparelho estação total, quando dotado de GPS, determina, rapidamente, as coordenadas do ponto a partir do contato com os satélites astronômicos.

O operador de um aparelho estação total faz as medidas e as grava logo em seguida, não sendo necessário escrever (anotar) nada. Depois de os dados serem gravados, eles são passados para uma impressora que os imprime e, com um programa de computador, desenha a área e a calcula.

O teodolito eletrônico pode ser associado (como complemento) a um equipamento chamado GPS (que significa *Global Positioning System*), que determina, com apoio de satélites, o posicionamento de um ponto qualquer, possibilitando que, quando alteramos a localização do equipamento, uma nova posição seja adotada. Com a definição das duas posições, podemos calcular a direção norte-sul geográfica, a latitude e a longitude do local. Reforçamos que o GPS sozinho não nos fornece a direção norte-sul, sempre necessitaremos de dois pontos para obtê-la.

O estação total com GPS integrado e *smart station* permite a definição precisa sem necessidade de pontos de controle, poligonais[1] longas ou ressecções; ele determina coordenadas ao toque de uma tecla. Simplesmente instale a *smart station* e deixe que o GPS determine a posição. Você realiza seus levantamentos topográficos com mais facilidade, mais rapidez e menos instalações.

Apenas estacione o equipamento onde for mais conveniente, aperte a tecla GPS e deixe a *smart antenna* fazer o resto. Em alguns segundos, o sistema determinará a posição com precisão centimétrica a uma distância de até 50 km da estação de referência. Com a *smart station*, você está pronto para continuar o

---

[1] Linhas principais de pontos de apoio.

mais rapidamente possível; determine a posição com o GPS e, então, inicie o levantamento com o estação total.

O GPS está inteiramente integrado ao estação total. Com o programa inteiro dentro da estação total, todas as operações desse aparelho e do GPS são controladas via teclado do estação total. Todos os dados são gravados no mesmo banco de dados e no mesmo cartão de memória. Todas as medições, telas de estado e outras informações são apresentadas na tela da estação total. A bateria interna do estação total também alimenta o GPS, a *smart antenna* e os dispositivos de comunicação do sistema. Todos os componentes estão perfeitamente combinados. Tudo está integrado em uma única unidade compacta – sem necessidade de cabos, bateria externa, coletor de dados etc.

Use o conjunto integrado estação total e *smart station* como estação total e sistema móvel. Com o desenho modular da *smart station*, você pode usar o equipamento do jeito que quiser. Use como *smart station* quando não existirem pontos de controle disponíveis. Uma vez que a *smart station* estiver precisamente posicionada, tire a *smart antenna*, coloque-a em um bastão e use-a com o controlador e o sensor incorporados, como uma unidade completa de sistema móvel. Você terá total flexibilidade de posicionamento do aparelho nos levantamentos topográficos com a *smart station*.

Veja, a seguir, algumas das características dos teodolitos eletrônicos:

1. precisão angular: 5 segundos;
2. leitura angular: 5 segundos;
3. lentes: ampliação 30 vezes, imagem direta (não invertida) e abertura de 45 mm;
4. alimentação elétrica: 6 pilhas AA;
5. duração de operação: 50 horas;
6. prumo a laser;
7. magnitude focal: de 20 a 30 vezes;
8. precisão linear: 1,5 mm;
9. alcance: 2 km.

O teodolito alimentado pelas pilhas emite facho de luz, e a *smart station* com seu prisma de cristal reflete a luz, devolvendo-a para o teodolito, que anota tudo em seu sistema interno e grava as informações.

Estação total equipado com receptor GPS, equipamento com
alta tecnologia para coletar e gerenciar dados.

Estação total é um equipamento que une o antigo teodolito com um computador portátil interno (alimentado por baterias). Ele:

- mede distâncias e ângulos por meio de uma mira de quartzo. Isso é possível, pois o teodolito emite um faixo de luz que o quartzo reflete, devolvendo informações ao teodolito eletrônico;
- registra os dados em sua memória eletrônica;
- transfere os dados para um programa de computador externo; calcula e desenha a planta ou cortes;
- possui parafusos calantes (de ajuste);
- possui tripé;
- mira com refletor de quartzo, que deve ser segurado por uma pessoa (porta mira);
- algumas estações totais possuem GPS incorporado.

Existem dezenas de fabricantes de teodolito eletrônico pelo mundo, sendo que as precisões variam de fábrica para fábrica e de tipo de aparelho para tipo de aparelho. Claro que instrumentos com maior precisão têm custo de aquisição maior. Mas nem sempre um aparelho de maior precisão é necessário. Salientamos, ainda, que quanto maior o preço de aquisição, maior o valor do seguro contra roubo.

16. Taqueometria: medidas rápidas de distâncias e cotas e determinação de curvas de nível

Digamos que seja necessário fazer o levantamento e o posicionamento de serviços públicos em uma região urbana, ou seja, um levantamento cadastral. Por exemplo, bocas de lobo, poços de visita, largura e extensão de ruas e calçadas devem ser levantadas, definindo suas dimensões, posições relativas e cotas. Essas medidas são muitas e *não exigem maior precisão milimétrica*. Sendo muitos os pontos a levantar, e com necessidade de baixa precisão, uma ideia é fazer uma medição indireta. Reiteramos: é um método menos preciso, porém mais prático e mais rápido.

De um único ponto tiram-se medidas com o teodolito usando-se uma mira e, a partir dos ângulos, fazem-se os cálculos de altura e de distância ao ponto em que o teodolito (taqueômetro) estacionou.

Neste livro, utilizamos taqueômetro = teodolito.

Depois, no escritório, com o auxílio de cálculos da trigonometria, obtemos as dimensões, as distâncias e as alturas (cotas).

Os métodos de medição ótica de distância são menos usados; entretanto, devemos orientar os iniciantes na topografia para que saibam como são efetuados os cálculos executados por computadores, fazendo com que tenham uma noção do que está realmente sendo executado, ou, ainda, fazendo com que eles possam realizar uma eventual verificação dos procedimentos adotados. Hoje se usa a *taqueometria eletrônica* utilizando um instrumento denominado estação total em:

- medição de distâncias;
- medição de ângulos por sensores eletrônicos;
- cálculos de valores de distâncias e cotas por meio de microcomputadores incorporados ao instrumento.

"Taqueometria" é uma palavra de origem grega que quer dizer "medida rápida".

Entende-se por redução de distância ao horizonte a seguinte ação: a distância inclinada obtida por taqueometria, visada a um ponto qualquer, será sempre superior à distância horizontal entre os dois pontos. O cálculo da distância inclinada em horizontal, utilizando-se o ângulo vertical para obtenção da base produtiva, chama-se **redução ao horizonte**, ou seja, redução ao horizonte é o cálculo da base produtiva.

Veja: α ascendente (+).

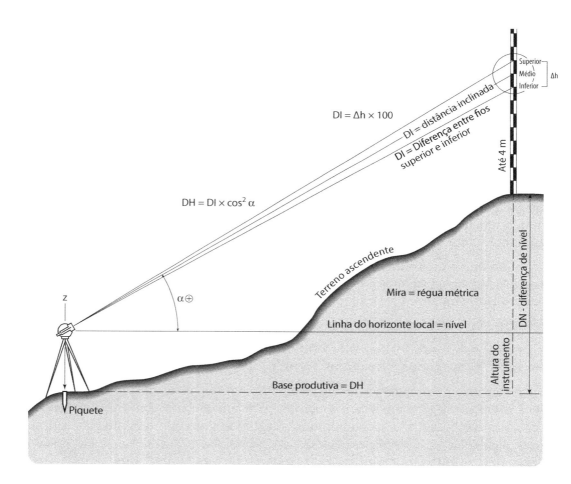

Denominamos **levantamento planialtimétrico** aquele que é *realizado com o uso de teodolito* (taqueômetro), medindo os ângulos horizontais para a montagem de uma linha poligonal e tomando medidas indiretas de distâncias por meio da leitura de fios estadimétricos.

Cálculo da distância horizontal (DH) – Redução ao horizonte

Tendo estacionado e nivelado o teodolito sobre um vértice da poligonal, visando-se o próximo vértice onde há uma mira (régua métrica também conhecida como **estádia**), estando a mira na posição vertical sobre o vértice a ser calculado, procedemos a leitura. A diferença de leitura entre o fio superior e o fio inferior multiplicada pela constante do aparelho (100) na leitura da mira é igual à distância inclinada (DI) entre o eixo vertical do teodolito (que passa pelo piquete) e o fio médio (FM) na leitura da mira. A redução ao horizonte (base produtiva) é obtida pela seguinte fórmula:

$$DH = DI \times \cos^2 \alpha$$

Sendo:

DH: distância horizontal.

DI: distância inclinada entre o eixo vertical do teodolito e o fio médio da mira; distância esta que é obtida pelo cálculo da diferença de leitura dos fios estadimétricos superior e inferior na leitura da mira multiplicado por 100. DI = $\Delta h \times 100$.

Alfa (α): ângulo vertical obtido quando procedemos a leitura do fio médio (FM) da mira entre o ponto a ser calculado (piquete) e a linha vertical do eixo do teodolito.

Cálculo de diferença de níveis (DN)

Denominamos de **nivelamento trigonométrico** os dados obtidos por meio do cálculo da diferença de nível entre um ponto ocupado por um teodolito e um ponto qualquer do terreno.

No exemplo anteriormente descrito, para calcular as diferenças de nível entre os dois vértices da poligonal e tendo a leitura da distância inclinada (DI), multiplica-se essa distância pela fórmula:

$$DN = DI \times 50 \times \operatorname{sen} 2\alpha$$

Sendo:

DN: diferença de nível.

DI: distância inclinada entre o eixo vertical do teodolito e o fio médio da mira; distância esta que é obtida pelo cálculo da diferença de leitura dos fios estadimétricos superior e inferior na leitura da mira, multiplicado por 100.[1]

Alfa (α): ângulo vertical obtido quando procedemos a leitura do fio médio (FM) da mira entre o ponto a ser calculado (piquete) e a linha vertical do eixo do teodolito.

---

[1] Sendo 100 a constante do aparelho por construção da luneta.

50: fator constante da solução trigonométrica (fórmula).

O ângulo vertical pode ser ascendente (+) ou descendente (-), referido à linha de nível, ou seja, à linha do horizonte local.

Para alfa ascendente (+):

- Alfa (α): ângulo vertical obtido quando procedemos a leitura do fio médio (FM) da mira entre o ponto a ser calculado (piquete) e a linha vertical do eixo do teodolito, será < 90°.

Para alfa descendente (-):

- Alfa (α): ângulo vertical obtido quando procedemos a leitura do fio médio (FM) da mira entre o ponto a ser calculado (piquete) e a linha vertical do eixo do teodolito, será > 90°.

No cálculo da diferença de nível (DN), deverão ser consideradas, ainda, a altura do instrumento e a medida do fio médio (FM) obtido na leitura da mira:

$$DN = DI \times 50 \times \operatorname{sen} 2\alpha \; (+/-) \; HI - FM$$

Sendo:

DN: diferença de nível.

DI: distância inclinada entre o eixo vertical do teodolito e o fio médio da mira (FM), distância esta que é obtida pelo cálculo da diferença de leitura dos fios estadimétricos superior e inferior na leitura da mira multiplicado por 100.

Alfa (α): ângulo vertical obtido quando procedemos a leitura do fio médio (FM) da mira entre o ponto a ser calculado (piquete) e a linha vertical do eixo do teodolito.

50: fator constante da solução trigonométrica (fórmula).

HI: altura do instrumento; é a distância, na vertical, entre o eixo horizontal do teodolito e o piquete do vértice.

FM: fio médio; é a leitura obtida da mira no vértice visado.

Reforçamos que devemos ficar atentos ao valor do ângulo Alfa (α): se o valor de Alfa (α) for < 90°, estaremos em um vértice ascendente, portanto, deveremos somar o valor HI (altura do instrumento); se o valor de Alfa (α) for > 90°, estaremos em um vértice descendente em relação ao vértice do aparelho teodolito, portanto, deveremos subtrair o valor HI (altura do instrumento) da fórmula.

Veja: α descendente (−).

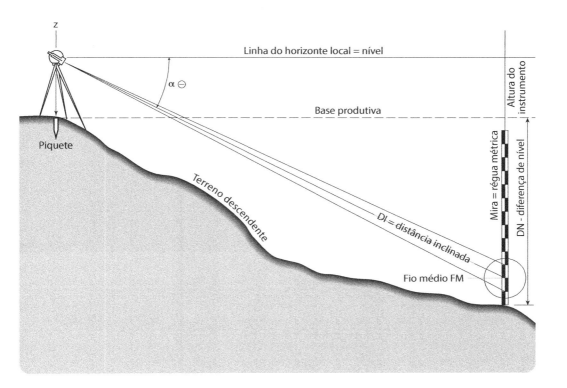

Técnicas de levantamento taqueométrico pelo processo da irradiação

O levantamento taqueométrico é usado, principalmente, na definição planialtimétrica de parcelas do terreno, e é realizado por meio de poligonais e irradiações a partir dos vértices das poligonais. A poligonal,[2] desenvolvida, em geral, ao longo do contorno da área considerada, serve de arcabouço, base de todo o levantamento, enquanto as irradiações têm por finalidade a determinação dos pontos capazes de definir os acidentes aí existentes e de caracterizar o relevo do terreno.

O método correntemente empregado é o de, por meio de um vértice de coordenadas conhecidas, obtidas por meio do cálculo da poligonal, ou mesmo de uma triangulação,[3] levantar os pontos em todas as direções que definam nitidamente as feições da superfície terrestre necessárias ao objetivo do trabalho que se está realizando.

Para a boa prática das operações, é essencial que o vértice em que o instrumento é estacionado seja nivelado com precisão geométrica, pois um vértice mal

---

[2] Linha principal de pontos sob análise topográfica.

[3] Denominamos **triangulação** o procedimento de definir uma linha de base (distância rigorosamente obtida), definindo, a partir dessa base, triângulos com ângulos internos medidos por instrumento teodolito; de posse desses ângulos, calculamos, por trigonometria, o valor dos demais lados do triângulo.

nivelado afetará, naturalmente, o cálculo de todas as cotas ou altitudes dos pontos e, consequentemente, o traçado das curvas de nível.

Veja a seguir um exemplo de triangulação:

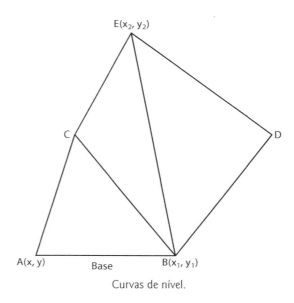

Curvas de nível.

Curvas de nível são as linhas em que todos os seus pontos têm a mesma altitude (ou cotas – isometria).

Para representar a altimetria de um terreno em uma planta topográfica por meio de curvas de nível é necessário que tenhamos uma rede de pontos altimétricos distribuídos de tal forma que representem as mudanças de declividade da área em questão.

As curvas de nível devem sempre ser representadas por cotas inteiras, com espaçamentos altimétricos adequados à escala da planta e sua finalidade.

Por exemplo, uma planta na escala 1:1.000 de uma área urbana deve ter o espaçamento entre curvas de nível de metro em metro. Se a escala for de 1:500, as curvas de nível podem ser de 0,5 m em 0,5 m, dependendo da necessidade.

Como as cotas obtidas nas medições de campo nunca são números inteiros, devemos proceder a uma interpolação gráfica e adotar dois pontos com cotas fracionárias que estejam, de preferência, no sentido da maior declividade do terreno.

Mede-se a distância gráfica entre eles e, subtraindo-se a cota menor da maior, temos a diferença de nível entre ambos.

Seja, por exemplo, no desenho a seguir, o polígono quadrilátero F, G, H, I, o sítio do sr. Alberto.

O sítio está limitado em uma de suas faces por uma estrada municipal, e, no momento, não definiremos os demais confrontantes, sendo que passa pelo seu interior um córrego.

Propomos que o leitor confirme as seguintes informações de observação da planta:

- a região do ponto A é plana;
- a região do ponto B é inclinada suavemente;
- a região do ponto D é inclinada;
- a região do ponto P é muito inclinada;
- a região do ponto Z é plana.

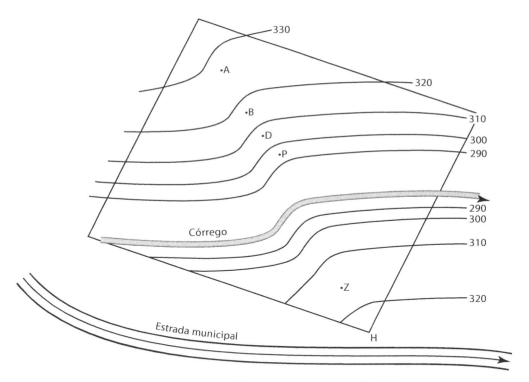

Desenho esquemático de uma área e suas curvas de nível.

Exemplo numérico: por interpolação altimétrica

No desenho esquemático a seguir, temos definidos apenas quatro pontos no terreno A, B, C, D distribuídos em uma encosta, todos com cotas conhecidas. Tomamos a distância gráfica entre eles, dois a dois, no sentido da maior declividade.

Dados:

- cota de A: 107,215 m;
- cota de B: 100,635 m;
- distância de A a B: 70,26 m;
- cota de C: 107,536 m;
- cota de D: 100,347 m;
- distância de C a D: 95,10 m.

Conclusões iniciais

Entre o ponto A e o ponto B há as seguintes curvas de nível de número inteiro: 107/106/105/104/103/102/101 m. Portanto, haverá sete curvas de nível e seis espaçamentos entre curvas.

Entre o ponto C e o ponto D há as seguintes curvas de nível de número inteiro: 107/106/105/104/103/102/101 m. Portanto, haverá sete curvas de nível e seis espaçamentos entre curvas.

Devemos calcular as posições onde devem passar graficamente as linhas referentes a essas curvas de nível em cada um dos dois alinhamentos dados considerando a declividade constante e única.

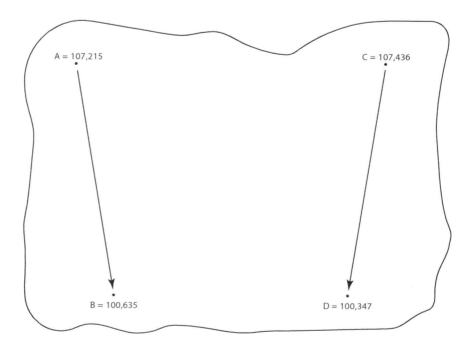

Cálculos

Vamos iniciar pela linha AB: em 70,26 m, temos 6,580 m de diferença de nível (107,215 – 100,635).

Cálculo da distância de A até a cota 107 m por regra de três:

$$70,26 \qquad 6,580$$
$$X \qquad 0,215$$

X = (70,26 × 0,215)/6,580 = 2,296 m do ponto A até a linha da curva 107 m.

Temos, então, o primeiro ponto da linha da curva de nível com valor inteiro 107 m.

Vamos continuar pela linha AB: em 70,26 m, temos 6,580 m de diferença de nível (107,215 – 100,635).

Cálculo da distância da cota 107 m até a cota 106 m por regra de três:

$$70,2 \qquad 66,580$$
$$X \qquad 1$$

X = (70,26 × 1,0)/6,580 = 10,68 m lineares.

Passamos, então, a conhecer o espaçamento linear entre as curvas de valor inteiro do ponto de cota 107 m até a linha da curva 106 m. Temos, então, as distâncias entre os demais pontos da linha da curva de nível com valores inteiros de 107 m a 101 m.

Com essa informação, podemos plotar os pontos das curvas de nível na reta AB.

Vamos calcular os pontos da reta CD seguindo a mesma orientação.

Na linha CD: em 95,10 m, temos 7,189 m de diferença de nível (107,536 – 100,347).

A curva de altitude 107 m passa a 0,536 m lineares abaixo do ponto C sobre a linha CD.

$$95,10 \qquad 7,189$$
$$X \qquad 0,536$$

X = (95,10 × 0,536)/7,189 = 7,09 m do ponto C até a linha da curva 107 m.

Temos, então, o primeiro ponto da linha da curva de nível com valor inteiro 107 m.

Vamos continuar pela linha CD: em 95,10 m, temos 7,189 m de diferença de nível (107,536 – 100,347).

Cálculo da distância da cota 107 m até a cota 106 m, por regra de três:

$$95{,}10 \qquad\qquad 7{,}189$$
$$X \qquad\qquad 1{,}0$$

X = (95,10 × 1,0)/7,189 = 13,22 m lineares.

Passamos, então, a conhecer o espaçamento linear entre as curvas de valor inteiro do ponto de cota 107 m até a linha da curva 106 m. Temos, então, as distâncias entre os demais pontos da linha da curva de nível com valores inteiros de 107 m a 101 m.

Com essa informação, podemos plotar os pontos das curvas de nível na reta CD.

Conclusão

Marcadas as passagens das curvas inteiras sobre os alinhamentos AB e CD, basta unirmos os pontos de mesma cota e teremos a representação da altimetria da encosta em questão por meio das curvas de nível.

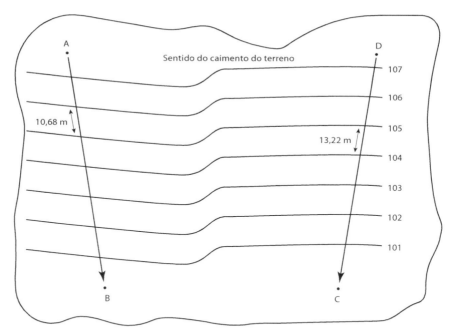

Aplicações de curvas de nível.

O levantamento topográfico de uma área a receber obras civis ou de um terreno para uso agrícola deverá conter um conjunto de pontos altimetricamente levantados, bem como amarrados planimetricamente.

Mostra a experiência que é muito importante obter-se (visualmente) os pontos de cota inteira, ligados por uma curva chamada **curva de nível**. Um conjunto de curvas de nível dá facilmente ao usuário de uma planta topográfica uma visão abrangente da forma do terreno e, principalmente, uma compreensão da declividade dos seus trechos. A curva de nível nasce de pontos de cota inteira; por exemplo, a curva de nível da cota 421 m, da cota 422 m, da cota 423 m etc.

A qualidade e a precisão dessas curvas de nível dependem da quantidade de pontos confiáveis levantados planialtimetricamente (pontos levantados planimetricamente). Quanto mais pontos confiáveis, maior a precisão nas curvas de nível, mas, lembrando sempre as funções das curvas de nível:

- proporcionar uma visão panorâmica ao usuário da forma do terreno e, principalmente, da sua altimetria;
- servir de apoio em atividades que exigem menor precisão, como na estimativa de volume e no corte do solo.

Vejam-se os desenhos a seguir e suas interpretações.

Exemplo I

Interpretemos as curvas de nível da gleba rural com vértices nos pontos V, M, N, K, T, com área de cerca de 20.000 m².

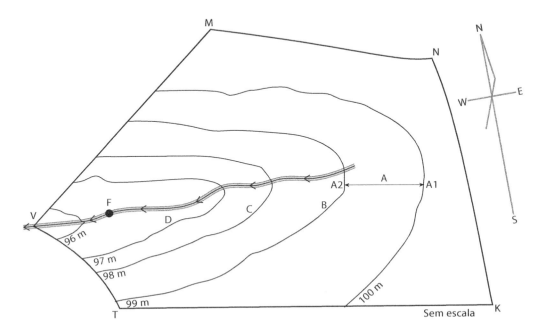

Note que a área no entorno do ponto A1 (cota 100 m) é uma região plana, pois está bastante afastada do ponto A2 na cota (99 m).

A partir de A2, em direção ao Oeste, as declividades são crescentes, ou seja, vão decrescendo as distâncias horizontais para a cota cair de 1 m.

O ponto F está localizado no fundo de um vale. Nesse ponto pode correr um fio de água ou até um riacho.

Exemplo 2

Em um terreno qualquer.

Como definir e traçar curvas de nível de um terreno do qual foi feito um levantamento planialtimétrico (mediram-se distâncias e altitudes).

Há uma regra de ouro: ninguém chega à cota 96 m estando na cota 98 m sem passar pela cota 97 m.

Assim, tendo as cotas dos diversos pontos, basta ligar dois pontos e dividir igualmente as distâncias para se vencer os desníveis. Dessa forma, se o ponto A tem cota 321,8 m e o ponto B tem cota 317 m, existe um desnível de 321,8 – 317 = 4,8 m e, portanto, podemos dividir a distância AB em quatro partes, e, por cada uma das quatro partes, passarão as curvas de nível 321 m, 320 m, 319 m, 318 m e 317 m.

Notas

1. As curvas de nível são indicadas com números redondos, pois o sistema não usa maiores precisões.

2. O erro mais criticável na topografia está em desenhar um mesmo ponto com duas curvas de nível, pois, então, esse ponto teria duas altitudes. Isso somente pode acontecer no caso de região escarpada a 90 graus, onde existe para o mesmo ponto em planta uma cota superior A e outra inferior B. Nas praias do Rio Grande do Sul existem as falésias (queda abrupta em alguns casos de 90 graus), e isso acontece. Veja a figura a seguir.

Na planta desse trecho, teremos dois pontos, A e B coincidentes, mas com duas cotas diferentes.

No caso de uma falésia em que o terreno apresenta uma projeção vertical, as curvas de nível em uma planta irão se superpor, passando a ser uma só linha. As curvas irão se separar gradualmente à medida que a declividade do terreno for diminuindo.

Taqueometria: medidas rápidas de distâncias e cotas e determinação de curvas de nível 91

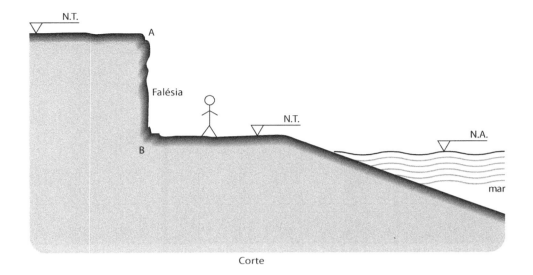

Corte

Nota curiosa

No caso de uma gruta, as curvas de nível podem se cruzar no teto desta.

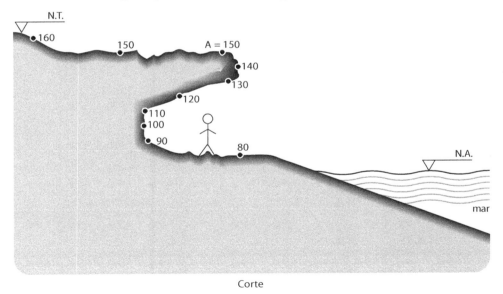

Corte

Uma regra prática para definir a densidade de pontos altimétricos para gerar curvas de nível é utilizar cerca de 30 pontos para um hectare (10.000 m²). Todavia, cada caso é um caso; propomos que seja efetuada uma análise, pois há casos específicos que podem necessitar de um maior número de pontos por hectare ou em menor número de pontos.

17. Determinação moderna do norte verdadeiro (norte geográfico) e o uso do GPS (*Global Positioning System*)

A determinação do norte verdadeiro (essa expressão é um sinônimo de norte geográfico) evoluiu:
- da observação da posição das estrelas à noite, nem sempre possível em todas as noites, pois as nuvens podem impedir a leitura;
- da observação do Sol; só possível durante cerca de dez horas por dia, e, em dias não nublados, necessita de consulta a anuários emitidos pelos observatórios astronômicos;
- do uso de bússolas, que sofrem com o fenômeno da variação magnética (declinação magnética) e influência de outros fatores magnéticos. Assim, o polo norte magnético indicado pela bússola pode estar em um ponto a mais de 1.000 km do polo norte verdadeiro.

Mas, ainda hoje, no século XXI, é importante conhecer o conceito de norte magnético e, portanto, devemos conhecer o uso da bússola, pois a maioria dos antigos documentos de propriedade de terrenos e áreas os descreve a partir desse norte magnético. Além disso, apesar de sofrer com o problema da declinação magnética (variação entre o norte verdadeiro e norte magnético), o uso da bússola é tão simples e barato que ainda continua. Para um pequeno barco de pesca, é muito razoável usar uma bússola que indica o norte magnético, pois:
- uma bússola de qualidade mais simples tem baixo custo (menos do que US$ 10);

- para permitir a orientação de um pequeno barco de pesca no meio do mar, associar o norte verdadeiro (geográfico) com o norte magnético medido pela bússola é totalmente suficiente.

Até os anos 1960, em trabalhos de topografia, para se saber com precisão o norte verdadeiro, era necessário a observação do Sol ou das estrelas, bem como a consulta de tabelas produzidas por observatórios astronômicos.

Saibamos o que é o GPS (*Global Positioning System*): é um sistema baseado em comunicação com satélites que fornece rapidamente a longitude e a latitude de um local.

A consulta a dados dos satélites é pública, ou seja, as informações do satélite são abertas e gratuitas. Atualmente, o tempo necessário para determinar a direção norte verdadeira utilizando o GPS geodésico e as informações dos satélites, demanda pouco tempo. O GPS só informa as coordenadas do local em que está instalado. São necessários dois pontos intervisíveis com as respectivas posições geográficas para fornecer a orientação (rumo) norte-sul verdadeiro.

A determinação precisa do norte verdadeiro é, hoje em dia, uma exigência das autoridades federais para o levantamento e o registro oficial de áreas rurais no Instituto Nacional de Colonização e Reforma Agrária (Incra) e para o processo de aprovação de uso de jazidas minerais junto ao Departamento Nacional de Produção Mineral (DNPM).

Notas

1. Contam antigos livros que Cristóvão Colombo, na sua viagem da Espanha para a América, na procura de um caminho marítimo para as Índias (final do século XV), usava no comando da sua esquadra de três navios (Santa Maria, Pinta e Nina) tanto a bússola quanto a observação do Sol e das estrelas, além do aparelho de observação sextante e de tabelas. Surgiu uma divergência entre os rumos de sua navegação ao se comparar o norte verdadeiro dado pela orientação das estrelas e do Sol e, o norte magnético, gerando uma tentativa de revolta da sua tripulação. Felizmente, o problema com a tripulação foi contornado e Colombo chegou à terra firme, que era o continente americano. Achando que estava nas Índias, chamou os habitantes da nova terra de "índios", nome até hoje utilizado. Colombo não tinha chegado às Índias e, sim, à América, continente desconhecido do mundo ocidental e que, portanto, não constava nos mapas de navegação da época.

2. A primeira viagem de navegação de volta ao mundo foi feita por uma frota comandada por Fernão de Magalhães, navegante português, que, no século XVI, saiu da Espanha, desceu a costa leste da América, deu a volta pelo sul do território americano, percorreu as costas ocidentais desse continente, foi até a Ásia, onde se abasteceu com especiarias, retornou pelas

costas da África e retornou à Espanha. Dessa viagem, somente um barco da esquadra voltou; Fernão de Magalhães morreu na viagem. Dizem os livros que, apesar de só ter retornado um navio com as especiarias (cravo, canela, pimenta etc.), a viagem teria sido lucrativa para seus financiadores.

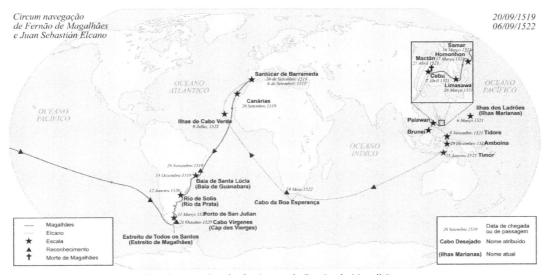

Roteiro aproximado da viagem de Fernão de Magalhães.

Descendo o litoral brasileiro, ele procurava uma comunicação entre os oceanos Atlântico e Pacífico, então com outros nomes. Ao chegar em cada baía, entrava e procurava sua ligação hídrica com o outro mar. Para auxiliar em sua busca, um critério criativo era a salinidade da água da baía. Se nos pontos iniciais houvesse baixa salinidade, isso indicava que não se tratava de uma ligação entre os dois oceanos. Assim, ele seguia viagem descendo o litoral brasileiro sempre à procura de um corpo d'água salgado, sempre salgado. Por fim, ele foi encontrar esse corpo d'água no local que hoje chamamos de Estreito de Magalhães, que liga o oceano Atlântico com o oceano Pacífico.

Dados topográficos do Estreito de Magalhães:

- propriedade da Argentina e do Chile nas suas extremidades sulistas;
- comprimento: cerca de 600 km;
- largura: varia de 3 a 32 km;
- profundidade máxima do corpo de água: 4.000 m;
- latitude: aproximadamente 55° sul (S);
- longitude: aproximadamente 70° leste (E).

18. Finalmente vamos a campo: a função da poligonal em um levantamento topográfico

Exemplo de levantamento planimétrico completo

Todo topógrafo tem que conviver com o erro. Se até em desenhos de competentes escritórios existem erros de grafismo (erro do próprio traçado do desenho), imagine os erros que podem ser cometidos quando vamos levantar medidas em campo, que podem ocorrer na frente de árvores, pântanos, declives etc. E, ainda, os erros dos equipamentos, como teodolitos, que provocam erros dependendo de sua precisão. O erro faz parte da topografia[1] e de qualquer outro trabalho experimental, e, considerando esse fato, cabe o cuidado de procurar ao máximo minimizar os erros de medidas e grafismos. Surgiu, assim, a necessidade de um levantamento de campo especial, denominado de *poligonal*.

O que é e para que levantar uma poligonal num terreno a ser levantado topograficamente?

A poligonal é um traçado cuidadoso, um levantamento composto por vários pontos sequenciais, que fecha o polígono até retornar ao ponto inicial.

Uma das funções de uma poligonal é transferir, com alta precisão, uma rede de pontos de confiança de medidas horizontais e de níveis. Assim, antes de iniciar um levantamento, digamos, de uma chácara, escolhemos um ponto de referência (por exemplo, uma cruz com tinta vermelha na soleira de entrada da casa principal ou um marco de concreto, próximo a essa casa) e o adotamos como referência.

O ideal seria trazer para esse ponto a cota referida a um *datum* (referência de nível – RN – oficial, como o do IBGE) e suas coordenadas geográficas. Isso não

---
[1] Como ocorre com qualquer tecnologia que mede variáveis físicas. Só a matemática não tem erros e, para seus estudos, não se aplica o conceito de precisão de medidas.

sendo possível, adotou-se o famoso critério de que o nosso RN tem cota 100,000 e coordenadas arbitrárias.

Com essa referência, vamos levantar a nossa poligonal, que procurará, sem exageros, se aproximar dos limites da fazenda, mas, melhor do que estar próximo dos limites, é procurar um caminho fácil para a implantação da poligonal. O uso de trilhas e caminhos já existentes é ótimo, pois os pontos da poligonal serão levantados com grande precisão e poucos elementos perturbadores, como mato, pedras, rios e pântanos. A poligonal deve ser considerada como um elemento importante na utilização futura da área estudada se quisermos, anos depois, por exemplo, construir nessa chácara.

A poligonal é um conjunto de pontos de medida de excelência. Os pontos de apoio da poligonal devem ser de concreto ou piquetes de madeira. O levantamento da poligonal deve ser de ida e volta, verificando-se o erro de fechamento e comparando com a precisão estipulada em contrato e em normas técnicas adequadas ao tipo do serviço.

Levantada a poligonal (A, B, C, D, E, F), temos uma rede de RN arbitrárias (marcos) e, desses pontos, que foram muito bem levantados, irradiaremos o levantamento dos pontos dos limites da área e outros pontos notáveis de interesse.

Os pontos da poligonal não devem ficar no meio de uma trilha; é conveniente localizar os pontos da poligonal próximo da trilha, mas digamos 10 cm fora dela, evitando que a passagem das pessoas atrapalhe ou destrua o pequeno marco.[2]

Nota de um topógrafo revisor

A poligonal de levantamento deve, sempre que possível, ser interna à área em questão e desenvolver-se próximo dos limites dessa área, possibilitando a definição dos pontos de detalhe das divisas com clareza e precisão. Devemos estabelecer a poligonal sempre dentro do nosso terreno.

Veja as figuras a seguir onde mostramos o nascimento e a implantação de uma poligonal.

---

[2] Uma das muitas recomendações cautelosas e enfáticas do experiente topógrafo Eng. Lyrio.

Exemplos de poligonal:

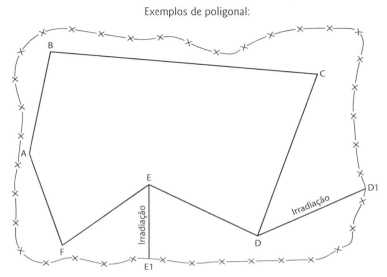

Planta de uma chácara. Chácara é um pequeno sítio rural, com uma área de aproximadamente 2 alqueires (2 × 24.200 m² = 48.400 m²). Limites segundo a escritura ou de acordo com as cercas.

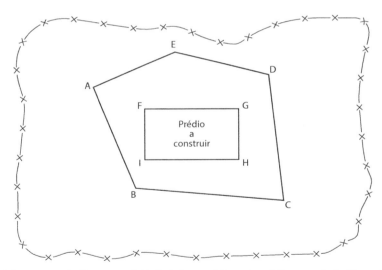

Planta de um prédio a construir. Os pontos F, G, H, I são os vértices do prédio a construir. Os pontos A, B, C, D, E são os vértices da poligonal externa ao prédio. A poligonal começa em um ponto, percorre um trajeto e deve voltar ao mesmo ponto. Comparando-se os dados do ponto de saída e os dados do ponto de retorno, em função das medidas, sempre há um erro (erro de fechamento) devidamente calculado.

Erros

- A expressão RN induz à referência de nível, que deve ser apenas uma; propomos que sejam utilizadas as expressões vértice (V) ou estação (E) para definir o lugar geométrico ocupado pelo instrumento e ponto para o detalhe levantado.

- Erro angular é a diferença encontrada entre o rumo da partida e o rumo da chegada num mesmo alinhamento. A diferença entre os dados obtidos deve ser distribuída entre os minutos dos vértices (alinhamentos da poligonal).

- Erro linear é a diferença métrica encontrada entre as coordenadas do ponto de partida e as coordenadas de chegada da poligonal ao seu ponto de origem. Diferença esta que deve ser distribuída proporcionalmente a todos os lados da poligonal em função das suas dimensões.

Notas

1. Uma poligonal pode ser externa (envolvente), por exemplo, para a demarcação de uma edificação, ou interna (envolvida) para o levantamento de uma área (lote, chácara, sítio ou fazenda).

2. Quanto mais estações tem uma poligonal, mais imprecisa ela é, apesar dos nossos esforços, pois em cada medida há um erro. Em face disso, recomenda-se utilizar a poligonal com o menor número de estações possíveis.

E_1 e D_1 na primeira figura são pontos do limite do terreno (pontos na cerca) e são levantados altimétrica e planimetricamente a partir da irradiação de vértices da poligonal.

Previsão de erro de fechamento da poligonal:

Exemplo 30" × $(k)^{1/2}$, sendo k o número de vértices.

As poligonais devem atender a limites de lados (trechos) envolvendo o comprimento dos lados, as características do equipamento usado e o objetivo do trabalho. Medições de grande área de fazenda, por exemplo, na área amazônica, deve ter menos precisão no levantamento do que um trecho de área urbana.

Tabela de orientação para definição do número máximo de lados de uma poligonal		
Teodolito erro angular	Comprimento dos lados da poligonal (m)	Número de lados da poligonal
1' (um minuto)	30 a 50	12
0,1' (um décimo de minuto)	50 a 150	20
1" (um segundo)	150 a 500	50

Para poligonais:

Erros máximos de fechamentos lineares admissíveis de áreas rurais:

- Por taqueometria: de 1:750 a 1:1.250, ou seja, no máximo 1,00 m para cada 750 m ou 1,00 m para cada 1.250 m.

- Por medidas a trenas: 1:1.250 a 1:2.000, ou seja, no máximo 1 m para cada 1.250 m ou 1 m para cada 2.000 m.

Erros máximos de fechamentos lineares admissíveis para áreas urbanas medidas à trena:

- Precisões maiores que 1:2.000, ou seja, no máximo 1 m para cada 2.000 m.

Erros máximos de fechamentos lineares admissíveis de áreas industriais medidas à trena:

- Precisões maiores que 1:5.000, ou seja, no máximo 1 m para cada 5.000 m.

Os modernos medidores eletrônicos operam com facilidade acima de 1:20.000, ou seja, no máximo 1 m para cada 20.000 m.

Para fechamentos angulares, os erros admissíveis estão em função da natureza do trabalho e das especificações técnicas do instrumento utilizado.

19. Levantamento topográfico: base produtiva, rumos, quadrantes, coordenadas poligonais, desenhos, solução de problemas, memoriais descritivos

Levantamento topográfico é a coleta sistemática de dados no campo e, após a sua interpretação, podemos representá-los graficamente.

Teremos, então, o que chamamos de *planta*, *mapa* ou *carta*, dependendo da quantidade de elementos coletados para cada finalidade.

Os elementos coletados em campo são basicamente dois:

- elementos lineares são as distâncias medidas à trena, que é uma fita métrica, por exemplo, com 10, 20, 30 ou 50 metros. Podem também ser medidas taqueométricas ou eletrônicas;
- elementos angulares são os ângulos horizontais formados por dois alinhamentos; na figura a seguir, os alinhamentos $\overline{AB}$ e $\overline{BC}$ mostram um ângulo horário α.

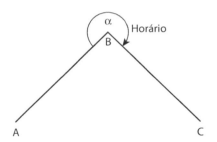

Introduzimos, neste momento, a expressão *toponímia*, ou seja, nomenclatura de todos os elementos coletados.

As medidas angulares são obtidas com auxílio de um instrumento genericamente conhecido como *teodolito*, que é um transferidor sofisticado.

Como obter esse par de medidas lineares e angulares:

Medidas lineares: as medidas lineares devem ser sempre obtidas com a trena na posição horizontal, ou seja, em nível.

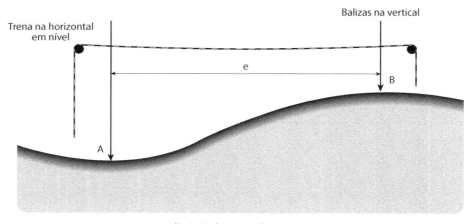

e = distância horizontal entre A e B.

A medida horizontal entre dois pontos sempre será a menor distância, gerando, na sua projeção, a real base produtiva. Qualquer outra medida inclinada será maior que a real, gerando uma falsa informação.

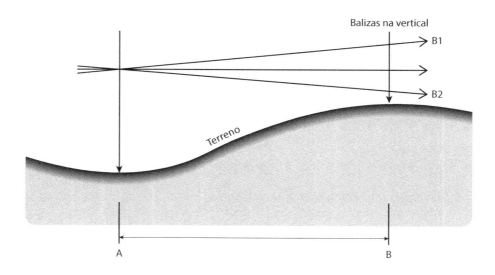

AB₁ e AB₂ são medidas maiores que AB, obtidas por medições inclinadas e não horizontais.

Base produtiva é a projeção na vertical dos pontos medidos na superfície do terreno, gerando a real área plana (em nível) utilizável.

Observando a natureza

As árvores sempre se desenvolvem na perpendicular do lugar, ou seja, na perpendicular da base produtiva, e nunca na perpendicular de uma linha inclinada.

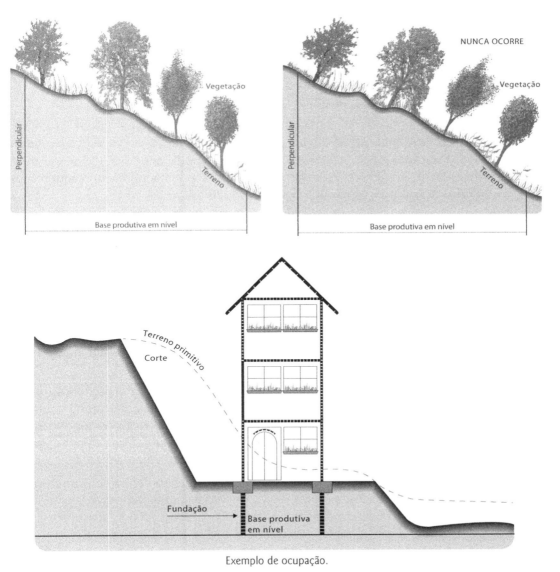

Exemplo de ocupação.

Reiteramos:

- Piquetes: os pontos na superfície devem ser materializados por piquetes de madeira ou pinos metálicos, em locais pavimentados.
- Balizas: hastes metálicas com 2 m, pintadas em cores branca e vermelha, alternadas em 50 cm; tem por objetivo a visualização de pontos (piquetes) e, como auxiliam nas medidas horizontais, devem sempre ser usadas na vertical com o auxílio de pequenos prumos (níveis de bolha).
- Testemunhas: as posições dos piquetes devem ser facilmente encontradas por meio de testemunhas, estacas de madeira fixadas no solo próximas ao piquete, com aproximadamente 35 cm dos seus corpos acima do solo, tendo suas extremidades superiores pintadas com cor que as destaque do ambiente em que se encontram, normalmente na cor vermelha, e numeradas de acordo com o número da estação na qual o piquete se encontra. Em locais pavimentados, os pinos metálicos (piquetes) devem ser pintados com um círculo vermelho no piso em que se encontram e uma faixa da mesma cor da parede próxima, quando houver.
- Medidas angulares: são obtidas com o instrumento denominado teodolito, sendo o conjunto nivelado por parafusos (calantes).[1] Do centro geométrico desse conjunto, sai um fio de prumo (pode ser ótico), que permite a instalação do centro do instrumento sobre a vertical de um piquete. Os parafusos calantes ajustam a horizontalidade do teodolito.

Poligonal ou caminhamento

Com a aplicação de medidas angulares e lineares sequencialmente, construímos um caminhamento, ou seja, uma poligonal como segue:

O primeiro alinhamento de um caminhamento $\overline{AB}$ da poligonal deverá ser referido ou orientado para o norte. Todo teodolito é provido de uma bússola, sendo adotado, então, o norte magnético. Quando necessário, adotamos o norte verdadeiro utilizando equipamentos sofisticados (GPS) ou procuramos dar origem aos trabalhos em marcos geodésicos.

Com o teodolito instalado em A, mede-se a distância horizontal até o ponto B, o que resulta no segmento $\overline{AB}$. Utilizando a bússola do teodolito, medimos o ângulo horizontal formado entre a linha norte-sul (meridiano magnético do lugar) e o primeiro lado do caminhamento. A direção do alinhamento $\overline{AB}$ vamos denominar de *rumo* ou *azimute* (conceito já visto).

Mudando o teodolito para o ponto B, ajustamos o prumo sobre o piquete (B), nivelamos o aparelho e visamos o ponto "A", que passa a se chamar *ré*; giramos o aparelho no sentido horário e visamos o ponto "C", que passa a se chamar *vante*, obtendo-se o ângulo horário entre o alinhamento AB e o alinhamento $\overline{BC}$.

---

[1] Parafusos calantes são parafusos de simples ajuste que servem para nivelar o teodolito.

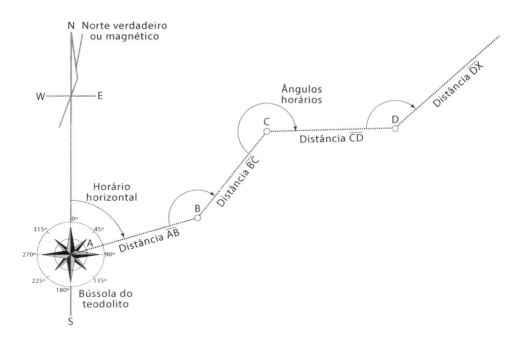

Medida a distância horizontal entre o ponto B e o ponto C, o mesmo fica posicionado e referido aos pontos anteriores. Com esse procedimento repetido sequencial e sucessivamente, temos uma poligonal, que deve ser fechada no seu ponto de origem.

Sistemas de coordenadas

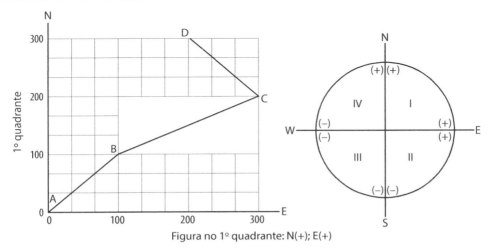

Construímos um reticulado ortogonal utilizando papel com quadrícula de 10 × 10 cm (ângulos retos no cruzamento de todas as linhas), chamando a linha que aponta para o N (Norte) de eixo Y e a linha que aponta para o E (Leste) de eixo X (ver figura dos quadrantes). Dessa forma, o reticulado construído estará no primeiro quadrante, e todos os pontos nele contidos terão valores (coordenadas) positivos. Leste = X (+ positivo); Norte = Y (+ positivo), tendo por origem o cruzamento dos dois eixos (X e Y).

O espaçamento padrão das quadrículas é de 10 cm.

O avanço métrico dos valores das quadrículas é padrão para os dois eixos (X e Y).

Seus valores serão calculados em função da escala a ser adotada para cada tipo de trabalho.

Partindo de um ponto com posição conhecida e dotando cada alinhamento de um par de valores, sendo um linear (distância) e outro angular (rumo), calculamos para o ponto seguinte suas coordenadas X e Y e sua posição referida ao ponto anterior.

Pontos de coordenadas (X, Y) da figura a seguir com o sistema de coordenadas no 1º quadrante.

A $\begin{cases} X = 150,000 \\ Y = 200,000 \end{cases}$ (Partindo de um ponto com coordenadas conhecidas)

B $\begin{cases} X = 300,000 \\ Y = 400,000 \end{cases}$

Coordenadas: cálculo da distância entre dois pontos A e B.

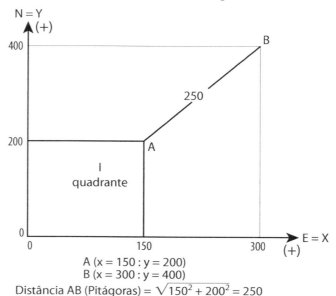

A (x = 150 : y = 200)
B (x = 300 : y = 400)
Distância AB (Pitágoras) = $\sqrt{150^2 + 200^2} = 250$

Um sistema de coordenadas plano retangular (ortogonal) têm duas coordenadas.

Uma de X e outra de Y, ambas têm sua origem métrica no cruzamento dos dois eixos, crescendo para E e para N, respectivamente.

Os valores de um ponto são medidos na projeção ortogonal de cada eixo.

Mais adiante, apresentaremos um exemplo de cálculo da distância $\overline{AB}$ (Pitágoras).

Medida indireta de distância (taqueometria)

Os teodolitos possuem, além do círculo horizontal (transferidor), outro círculo vertical para a leitura de ângulos verticais, acoplado a uma luneta.

Essa luneta tem, em uma de suas lentes, gravações que chamamos de fio. Os três fios horizontais são os estadimétricos, o fio vertical é o de colimação, para a orientação da leitura de ângulos horizontais.

Os fios estadimétricos[2] têm por finalidade a leitura métrica em uma régua graduada chamada *mira* ou *régua estadimétrica*. Por semelhança de triângulos, calculamos a distância entre o eixo vertical do teodolito (fio do prumo) e o ponto em que está localizada a mira.

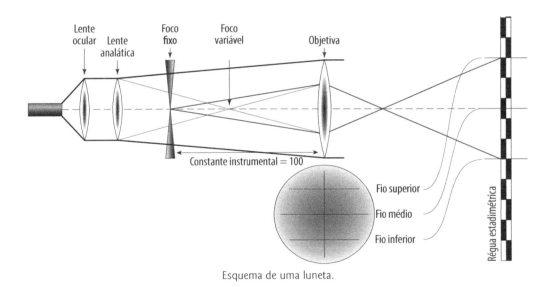

Esquema de uma luneta.

---

[2] Em 1840, um engenheiro italiano construiu a lente análatica com fios estadimétricos gravados no vidro da lente e instalados entre a ocular e a objetiva, a uma distância fixa da objetiva constante (100), permitindo, por semelhança de triângulo, leituras de distância indiretamente na mira.

Obtemos, assim, uma medida indireta de distância. A medida (ótica) indireta da distância entre o eixo vertical do teodolito e a mira (régua métrica) tem que sofrer uma correção (redução do horizonte) se a luneta do teodolito acusar uma leitura no círculo vertical diferente de zero grau.

Diferença ascendente para mais é *zenital*.

Diferença descendente para menos é *nadiral*.

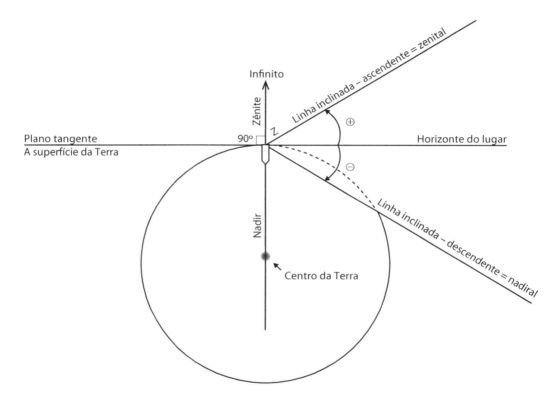

Zênite e nadir

No ponto de tangência de um plano na superfície da Terra passa uma única linha perpendicular (90°) a este plano, que é o *horizonte do lugar*.

Zênite é a direção que, partindo desse ponto de tangência no sentido ascendente, projeta-se para o infinito.

Nadir é a direção que, partindo desse ponto de tangência no sentido descendente, passa pelo centro da Terra.

Levantamento topográfico | 111

Observando a Terra e o plano de perfil:

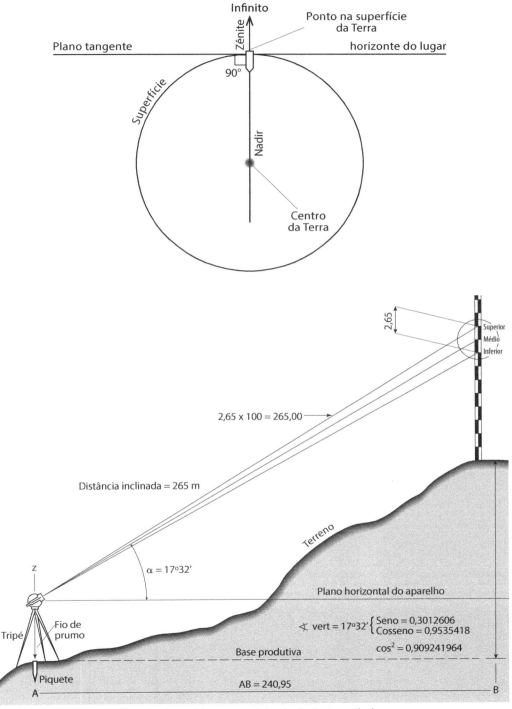

Exemplo de medida taqueométrica de distância e cálculos.

AB = distância reduzida; base produtiva

DI = distância inclinada = distância da leitura entre os fios superior e inferior multiplicada por 100

100 = constante do aparelho por construção

α = ângulo vertical = 17° 32'

AB = DI × 100 × $\cos^2 \alpha$

AB = 2,65 × 100 × $0{,}9535418^2$

AB = 240,95 m

Equipamento: teodolito com leitura angular nos círculos horizontal e vertical de 1 min.

Definidos os princípios básicos, podemos ensaiar o levantamento topográfico planimétrico de um lote urbano e um pequeno sítio com 10 hectares (ver página 119).

Exemplo teórico de um lote qualquer

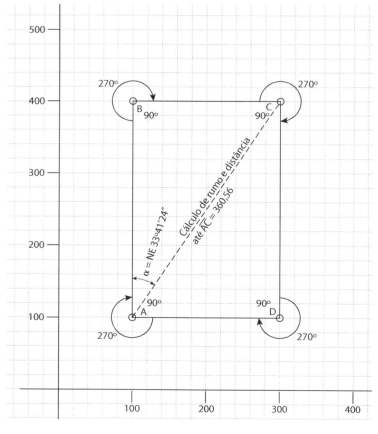

Cálculo dos rumos:

- polígono regular
- caderneta de campo
- planilha de cálculo de coordenadas
- cálculo da área
- cálculo de rumo e distância entre dois pontos

Planilha simplificada para cálculo de coordenadas

Estaca	PV	Distância (m)	Rumo	Seno	Cosseno	X E +	X W (-)	Y N +	Y S (-)	X	Y	Ponto
A										100,00	100,00	A
A	B	300,00	N 0°00'	0,00000	1.00000	0,0	—	300,00	—	100,00	400,00	B
B	C	200,00	NE 90°00'	1.00000	0,00000	200,00	—	0,0	—	300,00	400,00	C
C	D	300,00	S 0°00'	0,00000	1.00000	0,0	0,0	—	300,00	300,00	100,00	D
D	A	200,00	NW 90°00'	1.00000	0,00000	—	200,00	0,0	—	100,00	100,00	A

Ponto	X	Y	X1 × X2	X2 × Y1
A	100,00	100,00	40.000,00	10.000,00
B	100,00	400,00	40.000,00	120.000,00
C	300,00	400,00	30.000,00	120.000,00
D	300,00	100,00	30.000,00	10.000,00
A	100,00	100,00	Σ = 140.000,00	Σ = 260.000,00

Área = (260.000,00 − 140.000,00)/^{2} = 120.000,00/^{2}

Área = 60.000,00 m^2

Cálculo de rumo e distância entre os pontos A e C

Cálculo de rumos partindo de coordenadas conhecidas, de A → C

$$A \begin{cases} X_1 = 100 \text{ (E)} \\ Y_1 = 100 \text{ (N)} \end{cases}$$

$$C \begin{cases} X_2 = 300 \text{ (E)} \\ Y_2 = 400 \text{ (N)} \end{cases}$$

Fórmulas

$$\text{Rumo} \begin{cases} \dfrac{\Delta x}{\Delta y} = \text{Tg}\alpha \end{cases}$$

$$\text{Distância} \begin{cases} D = \sqrt{\Delta x^2 + \Delta y^2} \end{cases}$$

1) Rumo = $(X_2 - X_1)/(Y_2 - Y_1)$ = $(300 - 100)/(400 - 100)$ = $0{,}66666$ = Tg × α
   Tg α = $0{,}66666$ $\Rightarrow$ α = 33° 41' 24" = Rumo de A → C = NE 33° 41' 24"

2) Cálculo da distância entre os pontos A → C
   Distância = D = $\sqrt{(X_2 - X_1)^2 + (Y_2 - Y_1)^2}$ =
   $\sqrt{= (300 - 100)^2 + (400 - 100)^2}$
   D = $\sqrt{(200)^2 + (300)^2}$ = 360,555 m = 360,56 m

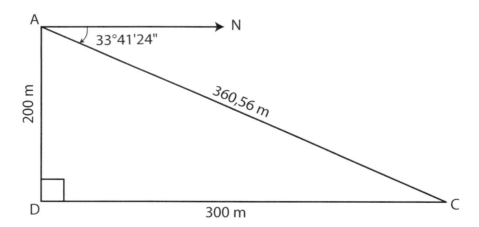

Levantamento de um lote urbano

Exemplo de levantamento planimétrico cadastral de um lote urbano no bairro Campestre, na cidade de Itaipava, no Estado de São Paulo.

Trata-se do lote n° 6 da quadra X, de número n° 71, na rua Alvorada. A via é asfaltada com serviços públicos de água, luz, esgoto e telefone. A construção existente é de alvenaria, com um pavimento e de padrão popular.

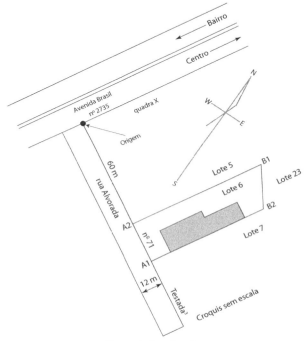

Planta de localização.

Cálculo dos rumos dos pontos visados e distâncias:

$\overline{AB}$ = NE 45° 01': rumo inicial obtido da bússola. Distância = 30,81 m.

A → 1
Ângulo horário: 153° 10'.
Rumo: SE 26° 50'. Distância = 8,49 m.

A → 2
Ângulo horário: 285° 28'.
Rumo: NW 74° 32'. Distância = 4,52 m.

$\overline{BA}$ – visada a ré – A = 0° 00'. Distância = 30,81 m.

Rumo: SW 45° 01' (invertida).

B → 1
Ângulo horário: 158° 03'.
Rumo: NE 23° 04'. Distância = 7,33 m.

B → 2
Ângulo horário: 261° 29'.
Rumo: SE 53° 30'. Distância = 8,52 m.

Testada – alinhamento da quadra pela frente dos lotes.

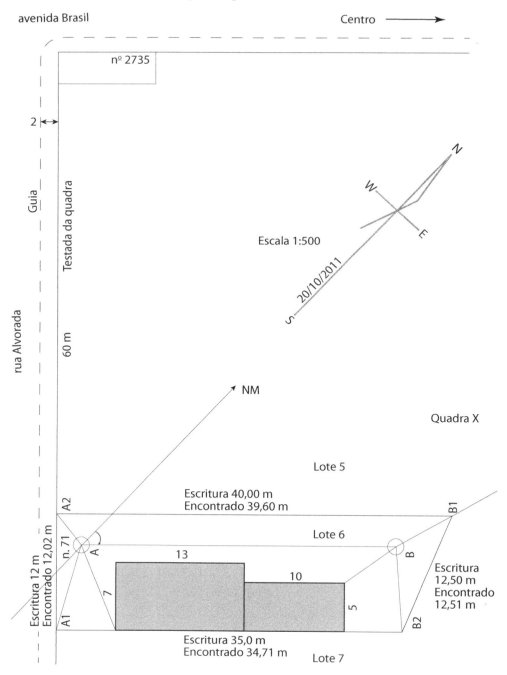

Levantamento topográfico

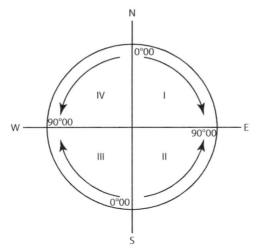

Círculo trigonométrico.

Planilha do cálculo de coordenadas												
E	R	Ângulo horizontal	Rumo	Distância (m)	Seno	Cosseno	X E (+)	X W (-)	Y N (+)	Y S (-)	X 100,00	Y 100,00	Ponto A
	B	45°01'	NE 45°01'	30,81	0.70731	0.70690	21,79	—	21,78	—	121,79	121,78	B
A	1	153°10'	SE 26°50'	8,49	0.45140	0.89232	3,83	—	—	7,58	103,83	92,42	A1
	2	285°28'	NW 74°32'	4,52	0.96379	0.26668	—	4,37	1,21	—	95,63	101,21	A2
	A	00°00'	SW 45°0'	30,81	0.70731	0.70690	—	21,79	—	21,78	100,00	100,00	A
B	1	158°03'	NE 23°04'	7,35	0.39180	0.92005	2,88	—	6,76	—	124,67	128,54	B1
	2	261°29'	SE 53°30'	8,52	0.80386	0.59482	6,85	—	—	5,09	128,64	116,69	B2

Detalhes:

Ponto A – 1 e 2 – testada do lote – rua Alvorada.

Ponto B – 1 e 2 – fundos do lote – cantos do muro.

Cálculo analítico da área do lote-modelo (forma simplificada)					
Ponto	Coordenadas		X1 × Y2	X2 × Y1
	X	Y		
A2	95,63	101,21		
			12.292,28	12.617,85
B1	124,67	128,54		
			14.547,74	16.535,39
B2	128,64	116,69		
			11.888,91	12.115,92
A1	103,83	92,42		
			10.508,63	8.838,12
A2	95,63	101,21		
			Σ = 49.237,56	Σ = 50.107,28

Cálculo da área do lote:

Área = (50.107,28 – 49.237,56)/2 = 434,86 m².

Avaliação gráfica de área: avaliação própria (estimativa) inicial

- largura do lote: 12 m;
- profundidade média do lote: h = (40 + 35)/2 = 37,50 m;
- área: 37,50 × 12 = 450,0 m^2;
- estimativa da área para avaliação dos trabalhos.

Em um perímetro mais complexo, a área pode ser desdobrada em várias figuras geométricas para facilitação dos cálculos.

Notas

1. No exemplo dado de levantamento de um lote urbano, as distâncias dos lados do perímetro foram obtidas de forma indireta, por meio do cálculo da diferença de coordenadas.

2. Sempre que possível, é recomendável medir com trena diretamente ao longo dos alinhamentos (muros), cercas ou marcos de locação existente.

3. No caso da lateral direita do lote, que serve de exemplo, o alinhamento A1 → B2 é obstruído por uma construção que impede a medida direta sobre o alinhamento.

4. Obter a distância A1 → B2 pelas projeções da construção não é confiável, pois nem sempre as construções são regulares. Nesse caso, a medida indireta é válida e indicada (se possível).

5. Os rumos dos alinhamentos das divisas do terreno são sempre calculados analiticamente.

6. Devemos sempre comparar as medidas encontradas no levantamento com as medidas das plantas de loteamento, plantas de parcelamento e medidas de escrituras, tendo por objetivo retificá-las ou confirmá-las.

Exemplo de levantamento planimétrico

Seja uma pequena propriedade rural com estimados 10 hectares.[3]

Os detalhes informados são os mesmos do levantamento de um lote urbano.

- título da planta: planta do sítio;
- nome do proprietário e confrontantes;
- norte (magnético ou verdadeiro);
- data da execução dos serviços de campo;

---
[3] Antes de elaborarmos propostas ou iniciarmos um trabalho, devemos conhecer aproximadamente as características das áreas a estudar ou a trabalhar.

- escala;
- área encontrada;
- rumo e distância das divisas;
- identificação de todos os detalhes encontrados, como: cercas, estradas, benfeitorias, cursos d'água (nascentes, lagos), linhas de transmissão de energia e telefonia, contorno de vegetação natural (matos), pastagem, áreas agricultáveis e outros detalhes que surgirem.

O princípio de levantamento é sempre o mesmo.

Com o aparelho (teodolito) estacionado no ponto 1, visa-se o ponto seguinte, de número 2. Com o rumo obtido, pela bússola ou o verdadeiro (se for o caso), mede-se a distância entre os dois pontos (1 e 2). Teremos, então, o par de valores (angular e linear) que definirão o ponto seguinte (vante). Dessa forma, repetidamente percorre-se toda a propriedade nas proximidades da divisa, até voltar ao ponto de origem, encerrando o perímetro.

Nota

Todos os rumos seguintes serão obtidos pela medição de ângulos horários lidos no teodolito.

Levantamento de detalhes

Em cada estação da poligonal, tomando por referência o rumo (invertido) para o ponto anterior (ré), medimos os ângulos horizontais e as distâncias para todos os pontos de detalhe que sejam importantes para o desenvolvimento dos trabalhos, como pontos de divisa (cercas ou marcos) e outros detalhes (como estradas, benfeitoria etc.).

A esse processo chamamos *irradiação*, pois de um ponto com valores conhecidos (coordenadas), visamos os pontos que definirão o perímetro da propriedade.

Se no decorrer dos trabalhos a divisa passa a ser um curso d'água, a poligonal deve aproximar-se do mesmo o máximo possível e levantar por irradiação um número de pontos na margem adjacente à poligonal que definam as medidas do curso d'água; sua largura deve ser medida, pois é o eixo do curso d'água (o talvegue) o ponto mais profundo, que define a divisa entre duas propriedades. Não se esquecer de indicar o sentido da corrente. Quando não for possível medir diretamente a largura de um rio, use um artifício trigonométrico cujo exemplo será apresentado mais adiante.

Quando detalhes importantes como benfeitorias, divisões pastoris ou agrícolas, contorno de vegetação ou nascentes d'água não forem visíveis ou estiverem muito afastadas da poligonal principal, podemos partir com uma poligonal secundária de qualquer ponto da poligonal principal, repetindo a operação até chegar a uma posição de onde sejam visíveis os detalhes a serem levantados.

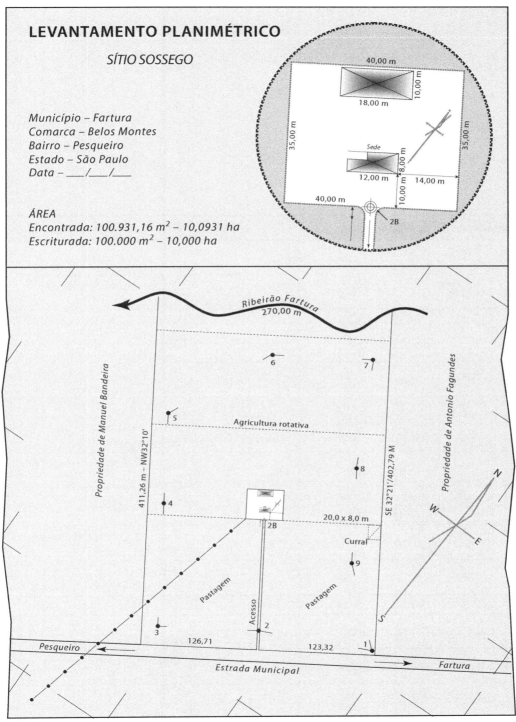

Redução gráfica sem escala definida.

Caderneta de campo. Dados:

- estação – est.
- ré – estaca anterior, origem angular para o ponto visado (PV) ou vante
- ponto visado – PV
- ângulo horário
- azimute calculado
- rumo calculado
- distância
- observação

| Caderneta de campo – Data: ___/___/___ ||||||||
Est.	Ponto visado	Ângulo horário	Azimute	Rumo	Distância (m)	Observações
1	N. mag		0°00'	0°00' norte magnético		Origem com bússola norte magnético
	2	247°21'	247°21'	SW 67°21'	122,57	Estação no eixo do caminho de acesso
	1A	126°47'	126°47'	SE 53°13'	5	Estrada X Antônio Fagundes
2	1 = ré	0°00	67°21'	Invertido –NE 67°21'		0°00' Visada a ré com rumo ou azimute invertido
	3	172°12'	239°34'	SW 59°34'	112,46	
	2A	81°48'	149°09	SE 30°51'	22,05	Eixo do caminho de acesso com mata-burro e porteira
	2B	261°48'	329°09'	NW 30°51'	154,42	Ponto do eixo do acesso; portão da sede
3	2=RE	0°00	59°34'	NE 59°34'		
	4	268°44'	328°18'	NW 31°42'	163,38	
	3A	121°22'	181°06'	SW 1°06'	27,53	Canto de divisa; cerca estrada X Manoel Bandeira
	3B	239°08'	298°42'	NW 61°18'	31,01	Cerca de divisa X linha de transmissão X Manoel Bandeira
4	5	180°56'	329°14'	NW 30°46'	115,51	
	4A	51°34'	199°52'	SW 19°52'	20,86	Cerca de divisa X Manoel Bandeira X cerca do pasto
	4B	277°03'	65°21'	NE 65°21'	95,43	Transformador; cerca do pasto; cerca da sede
5	6	243°45'	32°59'	NE 32°59'	121,54	
	5A	50°33'	199°47'	SW 19°47'	24,45	Limite da agricultura soja X milho

(continua)

Caderneta de campo – Data: ___/___/___ (continuação)

Est.	Ponto visado	Ângulo horário	Azimute	Rumo	Distância (m)	Observações
	5B	162°11'	311°55'	NW 48°05'	70,22	Limite da vegetação ciliar
	5C	168°37'	317°51'	NW 42°09'	111,00	Fim da cerca de divisa no ribeirão Fartura com Manoel Bandeira
	5D	181°33'	330°47'	NW 29°13'	91,09	Margem do ribeirão Fartura – largura média 5 m
	5E	199°13'	348°27'	NW 11°33'	95,28	Margem direita
6	7	209°57'	61°56'	NE 61°56'	104,08	
	6A	86°43'	294°42'	NW 65°18'	63,84	Margem direita
	6B	119°50'	332°49'	NW 27°11'	59,44	Margem direita
7	8	273°18'	155°14'	SE 24°46'	122,26	
	7A	34°15'	276°11'	NW 83°49'	35,09	Limite da vegetação ciliar
	7AI	34°24'	276°20'	NW 83°40'	91,40	Margem direita
	7B	51°28'	293°24'	NW 66°36'	60,75	Margem direita
	7C	74°28'	316°24'	NW 43°36'	57,86	Margem direita
	7D	104°30'	346°26'	NW 13°34'	55,44	Margem direita e fim da cerca na divisa com Antônio Fagundes
	7E	128°29'	10°25'	NE 10°95'	22,74	Limite da vegetação ciliar na cerca da divisa
	7F	251°08'	133°04'	SE 46°56'	64,32	Cerca da divisa; limite agrícola
8	9	172°26'	147°40'	SE 32°20'	127,25	
	8A	140°56'	116°10'	SE 63°50'	60,98	Cerca da divisa; canto do galpão do curral
	8B	160°04'	135°58'	SE 44°02'	51,53	Canto do curral
9	1	163°07'	130°47'	SE 49°13'	101,76	Ponto de partida; fechamento da poligonal

Poligonal secundária (no caso presente, só uma linha auxiliar)

2	2B	261°48'	329°09'	NW 30°51'	154,42	Caminho de acesso à sede (eixo) do portão
2B	2 = RÉ	0°00'	149°09'	SE 30°51'		Visada a ré (= 2) com 0°00' e rumo ou azimute invertido
	4B	88°27'	237°36'	SW 57°36'	20,00	4B = Detalhe da poligonal principal; cerca X transformador
	8A	269°28'	58°37'	NE 58°37'	118,57	Galpão do curral X canto da cerca de divisa

Planilha de cálculo; poligonal:
- ponto
- seno
- cosseno
- projeções
- coordenadas finais X e Y

Planilha de cálculo									
Ponto	Seno	Cosseno	\multicolumn{2}{c}{X}	\multicolumn{2}{c}{Y}	Ponto	\multicolumn{2}{c}{Coordenadas}
			E +	W (−)	N +	S (−)		X	Y
1/NM							1	1.000,00	1.000,00
2	0,92287	0,38510		113,11		47,20	2	886,89	952,80
1A	0,80091	0,59879	4,00			2,99	1A	1.004,00	997,01
2/RE							1/RE		
3	0,86222	0,50654		96,97		56,97	3	789,92	896,83
2A	0,51279	0,85851	11,31			18,93	2A	898,20	933,86
2B	0,51279	0,85851		79,19	132,57		2B	807,70	1.085,37
3/RE	\multicolumn{6}{l}{As estações anteriores ficaram suprimidas. Foram incluídas didaticamente, entenda-se: todo ângulo horizontal tem sua origem no alinhamento anterior com 0°00'}			
4	0,52547	0,85081		85,85	139,01		4	704,07	1.034,84
3A	0,01920	0,99982		0,53		27,53	3A	789,39	868,31
3B	0,87715	0,48022		27,20	14,89		3B	762,72	910,72
5	0,51154	0,85926		59,09	99,25		5	644,98	1.134,10
4A	0,33983	0,94049		7,09		19,62	4A	696,98	1.015,22
4B	0,90887	0,41707	86,73		39,80		4B	790,81	1.074,65
6	0,54440	0,83883	66,17		101,95		6	711,15	1.236,05
5A	0,33846	0,94098		8,28		23,01	5A	636,70	1.111,09
5B	0,74411	0,66806		52,25	46,91		5B	592,73	1.181,01
5C	0,67064	0,74178		74,49	82,29		5C	570,48	1.216,39
5D	0,48811	0,87278		44,46	79,50		5D	600,50	1.213,60
5E	0,20022	0,97975		19,08	93,35		5E	625,91	1.227,46
7	0,88240	0,4705	91,84			48,97	7	802,99	1.285,02
6A	0,90850	0,41791		58,00	26,68		6A	653,15	1.262,73
6B	0,456945	0,889495		27,16	52,86		6B	683,99	1.288,92
8	0,41892	0,90802	51,22			111,01	8	854,20	1.174,00
7A	0,99418	0,10771		34,89	3,78		7A	768,10	1.288,80
7A1	0,99390	0,11031		90,84	10,08		7AI	712,15	1.295,10

(continua)

Planilha de cálculo *(continuação)*

Ponto	Seno	Coseno	X E +	X W (−)	Y N +	Y S (−)	Ponto	Coordenadas X	Coordenadas Y
7B	0,91775	0,39715		55,75	24,13		7B	747,23	1.309,14
7C	0,68962	0,72417		39,90	41,90		7C	763,09	1.326,92
7D	0,23451	0,97211		13,00	53,89		7D	789,99	1.338,91
7E	0,18070	0,98352	4,11		22,36		7E	807,10	1.307,39
7F	0,73049	0,68222	46,99			43,93	7F	849,98	1.241,09
9	0,53484	0,84495	68,06			107,52	9	922,95	1.066,47
8A	0,89752	0,44097	54,73			26,89	8A	908,93	1.147,11
8B	0,69507	0,71894	35,82			37,05	8B	890,02	1.136,95
1	0,75719	0,6532	77,05			66,46	1	1.000,00	1.000,00

Cálculo da área

Ponto	Coordenadas X	Coordenadas Y	X1 × Y2	X2 × Y1
1A	1.004,00	997,01	871.783,24	787.029,72
3A	789,39	868,31	960.206,10	495.353,49
5C	570,48	1.216,39	692.334,53	730.442,20
5D	600,50	1.213,60	737.083,73	759.604,38
5E	625,91	1.227,45	790.355,33	801.708,97
6A	653,15	1.262,73	841.858,10	863.694,69
6B	683,99	1.288,92	885.835,45	917.904,38
7A	712,15	1.295,10	932.304,05	967.737,57
7B	747,23	1.309,14	991.514,43	998.991,64
7C	763,09	1.326,92	1.021.708,83	1.048.253,53
7D	789,99	1.338,91	980.448,69	1.138.046,72
7F	849,98	1.241,09	975.020,56	1.128.063,93
84	908,93	1.047,11	906.212,30	1.151.698,44
1A	1.004,00	997,01		
			Σ = 11.586.665,34	Σ = 11.788.529,66

Poligonal secundária (no caso presente, só uma linha auxiliar)

2B	0,51279	0,85851		79,19	132,57		2B	807,70	1.085,37
2/ré							2/ré		
4B	0,844299	0,535872		16,89		10,72	4B	790,81	1.074,65
8A	0,85374	0,5207	101,23		61,74		8A	908,93	1.147,11

ΔΣ = 11.788.529,66 − 11.586.665,32 = 201.864,32 m²
área = ΔΣ/2 = 201.864,32 / 2 = 100.931,16 m² = 10,093116 hectares (ha)
área = 10 hectares e 931,16 m²

Exemplo de memorial descritivo

Memorial descritivo de uma área localizada no município de Fartura, na comarca de Belos Montes, no estado de São Paulo. Desenho às Folhas "121".

Propriedade do sr. MPLP

Situada no bairro do Pesqueiro, na estrada municipal de mesmo nome.

A presente descrição tem seu início em um ponto cravado à margem direita da referida estrada, aproximadamente a 3.500 m do centro da cidade de Fartura, no sentido de quem vai para o bairro do Pesqueiro. Esse marco está cravado junto à cerca de divisa das terras vizinhas de propriedade do sr. Antônio Fagundes ou sucessores.

Nesse ponto, segue margeando a estrada municipal por uma cerca de arame com o rumo SW 59°10' e a distância de 123,32 m, onde encontra o acesso da presente propriedade na forma de um "mata burros" e de uma porteira. Desse ponto, seguindo com o mesmo rumo SW 59°10', e mais à distância de 126,71 m, sempre acompanhando a cerca que margeia a estrada municipal, perfazendo a distância de 250,03 m, de frente para a estrada. Desse ponto, onde encontra a cerca de divisa com terras do "sr. Manuel Bandeira" ou sucessores, deflete à direita, segue com o rumo de NW 32°10' e à distância de 50,10 m, onde passa sob a linha de transmissão de energia elétrica que alimenta a propriedade, seguindo pela cerca com o mesmo rumo de NW 32°10', e mais à distância de 123,46 m, encontrando uma cerca interna de divisão de pastagem, seguindo pela mesma cerca e sempre dividindo com terra do sr. Manuel Bandeira, segue com o mesmo rumo NW 32°10' e à distância de 195,82 m, passando por área de cultura rotativa até encontrar o limite de mata nativa preservada, ciliar ao ribeirão Fartura. Desse ponto, através da mata e continuando pela cerca, ainda com o rumo NW 32°10' e à distância de 41,88 m, onde encontra a margem esquerda do ribeirão Fartura, com largura média estimada em 6,00 m. O trecho entre a estrada municipal e o ribeirão Fartura é todo cercado e confronta com o sr. Manuel Bandeira com o rumo de NW 32°10' e à distância total de 411,26 m.

Nesse ponto, ponto-ponto, segue pela margem esquerda do ribeirão, no sentido de jusante para montante, acompanhando sua sinuosidade com a direção geral de NE e pela distância estimada em, aproximadamente, 270,00 m.

Um alinhamento ideal, unindo os pontos extremos das duas divisas laterais da gleba, nos pontos em que as mesmas tocam a margem esquerda do ribeirão Fartura, não levando em consideração as sinuosidades do curso d´agua, tem o rumo NE 60°59' e a distância de 251,39 m.

Desse ponto, defletindo à direita, segue por uma cerca de divisa com terras de propriedade do sr. Antônio Fagundes ou sucessores, com o rumo de SE 31°31' pelo interior da mata nativa preservada, ciliar ao ribeirão Fartura, pela distância de 25,80 m, seguindo com o mesmo rumo de SE 31°31' e à distância de mais 88,43 m, onde com pequena deflexão à esquerda e continuando a acompanhar a cerca divisória, segue com o rumo SE 32°03' e à distância de 110,89 m, onde encontra o canto de um galpão do curral, divisória das terras de agricultura rotativa e a pastagem.

Desse ponto, com pequena deflexão à esquerda, segue com o rumo SE 32°21' e à distância de 20,00 m pelos fundos do galpão e, em seguida, com o mesmo rumo de SE 32°21' e pela cerca de divisa pela distância de mais 157,67 m, onde encontra o marco junto à estrada municipal, onde foi iniciada a presente descrição que encerra uma área de 100.931,16 m², ou seja, 10,093116 hectares.

Soluções de problemas de campo

1. Medida da distância a ponto inacessível: travessia de um rio

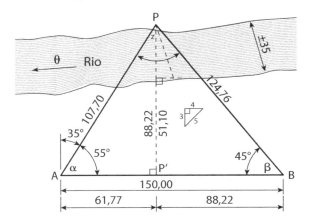

Mede-se com a trena com o maior rigor possível uma base $\overline{AB}$ próxima e mais ou menos paralela com a margem do rio. Escolhe-se na outra margem um ponto (árvore ou mourão de cerca-poste) bem visível e identificável, que chamaremos de P.

Medem-se os ângulos horizontais entre o alinhamento $\overline{AB}$ e o ponto P, efetuando-se cálculos.

No ponto calculado P' perpendicular sobre o alinhamento $\overline{AB}$, medimos a distância até a margem do rio, na direção do vértice P.

A distância encontrada no campo, deduzida da distância calculada $\overline{PP'}$, será a largura do curso d´agua.

Sendo X o ângulo de visada no ponto P entre os pontos A e B, temos:

X = 180° – (α + β) = 180° – (55+45) = 80°.

AP = AB × senβ/ sen X = 150,00 × 0,70711/0,98481 = 107,70.

BP = AB × sen α/sen X = 150,00 × 0,81915/0,98481 = 124,76.

PP' = BP × sen β = 124,76 × 0,70711 = 88,22 m.

PP' = AP × sen α = 107,70 × 0,81915 = 88,22 m.

AP' = AP × cos α = 107,70 × 0,073358 = 61,71 m.

BP' = BP × cos β = 124,76 × 0,70711 = 88,22 m.

No ponto calculado P' sobre o alinhamento $\overline{AB}$, medimos a distância até a margem do rio perpendicularmente na direção do vértice P = 51,10 m.

A distância encontrada no campo de 51,10 m deduzida da distância calculada $\overline{PP}$ = 88,22 m é a largura do curso d'água, ou seja, 37,12 m.

É aconselhável proceder a uma correção de perpendicularidade (pode ser visual) para corrigir a inclinação do alinhamento $\overline{PP'}$, com a diretriz do eixo do curso d'água.

2. Medida indireta de um ângulo com trena

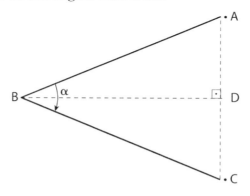

Temos dois alinhamentos AB e BC cujo ângulo α queremos conhecer. Então:

- medimos sobre os alinhamentos conhecidos duas distâncias iguais BA = BC;
- medimos a corda AC;
- do cálculo: AD = 1/2 AC, teremos: sen 1/2 α = AD/BA;
- podemos calcular α.

3. Medida da altura de um monumento

Cálculo da medida da altura de um monumento, por exemplo: chaminé, obelisco, prédio, torre, outros.

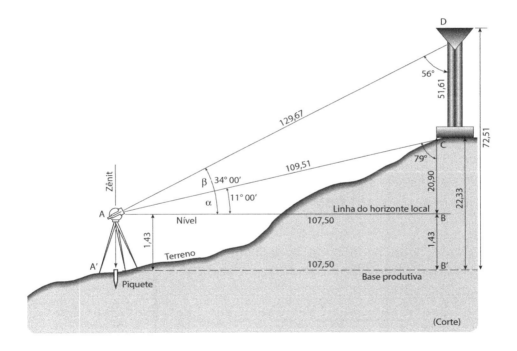

Método simplificado:

Mede-se uma distância horizontal com todo o rigor, entre o eixo vertical do teodolito (piquete) e a base do monumento. Procede-se à leitura dos ângulos verticais, referindo-os ao plano do horizonte local (nível), visando a base do monumento e o seu topo.

Neste exercício não foi levado em consideração a correção zenital do instrumento, assim como também não foi considerado o afunilamento de um monumento como uma chaminé ou um obelisco.

Diferença de nível entre a base do monumento e o piquete.

Dados:
- base medida = 107,50 m = $\overline{AB}$
- altura do instrumento no piquete = 1,43 m = $\overline{AA'}$
- AA' = BB'
- α = 11° 00'; complemento: 79° 00'
- β = 34° 00'; complemento: 56° 00'
- triângulo ABC:

$$AC = AB/\text{sen } 79° = 107,5/0,98163 = 109,51 \text{ m}$$
$$BC = AC \times \cos 79° = 109,51 \times 0,19081 = 20,90 \text{ m}$$

- triângulo ABD:

$$AD = AB/\text{sen } 56° = 107,5/0,82904 = 129,67 \text{ m}$$
$$BD = AD \times \cos 56° = 129,67 \times 0,55919 = 72,51 \text{ m}$$

Altura do monumento:
$$CD = BD - BC = 72,51 - 20,90 = 51,61 \text{ m}.$$

Diferença de nível entre a base do monumento e o piquete:
$$BC + B'B = 20,90 + 1,43 = 22,33 \text{ m}.$$

4. Levantamento de uma perpendicular sobre uma parede ou um alinhamento com a utilização de trena sempre em nível

Alinhamento ou parede

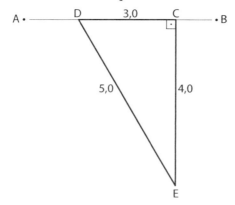

- C é o ponto de interesse;
- mede-se 3 m sobre o alinhamento AB, partindo do ponto C até o ponto D.
- do ponto D, mede-se a distância de 5 m e simultaneamente a partir do ponto C mede-se a distância de 4 m.
- a intersecção será o ponto E, determinando no ponto C um ângulo reto (90°).
- alertamos que aplicando-se múltiplos das três medidas, obteremos maior precisão.

20. Descrevendo o levantamento topográfico de uma área

Uma indústria comprou um terreno com cerca de dois alqueires paulistas (2 × 24.200 m² = 48.400 m²) em área rural para acomodar suas novas instalações fabris.

O terreno tinha documentação completa, ou seja:

- havia escritura anterior de compra da pessoa que vendeu o terreno para a indústria;
- no cartório de registro de imóveis, essa antiga escritura de compra e venda (celebrada, como é possível fazer em qualquer cartório de notas do país) fora averbada[1] (registrada).

A escritura de compra e venda para a indústria informava os limites do terreno, que eram definidos precariamente (situação muito comum na área rural) por acidentes topográficos e/ou marcos instalados por humanos, e a área do terreno era apenas estimada.

A indústria, com a documentação de compra (situação chamada de *domínio*), já tendo ocupado o terreno (situação chamada de *posse*), decidiu contratar um agrimensor (topógrafo) para que este fizesse um levantamento topográfico da área para:

- definir claramente os limites do terreno, pois se desconfiava que o vizinho do fundo "avançara" 12 m e o vizinho lateral direito avançara 9 m;
- fixar novas cercas e muros;
- consolidar essas informações e registrar os novos dados de acordo com os vizinhos limitantes no cartório de registro de imóveis;
- deixar um marco principal bem definido, ou seja, determinar uma posição dos vértices (x, y) relativo a uma referência de nível (RN), e espalhar marcos secundários amarrados ao marco principal para apoio das futuras obras de implantação;

---

[1] Algo averbado é mais definitivo que algo declarado verbalmente. Portanto, averbado significa registrado.

- fixar a posição do terreno usando as coordenadas geográficas, que são tão precisas quanto as coordenadas topográficas (plano topográfico). As coordenadas geográficas consideram a Terra esférica, e as coordenadas topográficas, por facilidade, consideram o trecho do levantamento como uma superfície plana. Para dimensões limitadas, usa-se um plano topográfico local, de preferência referido a valores geográficos.

A RN foi amarrada a marcos da região, da Fundação Instituto Brasileiro de Geografia e Estatística (IBGE), entidade oficial federal.

Foi então determinado o norte verdadeiro (norte geográfico) por observação de estrelas. Hoje, se usaria o sistema GPS (*global positioning system*). No passado, usava-se o norte magnético indicando a data de medida, pois com essa data dava para saber em quanto o norte magnético se afastava do norte verdadeiro (norte geográfico).

Notas

1. Declinação magnética: o movimento de afastamento constante para Oeste do polo magnético denomina-se *declinação*, que é, reiteramos, constante e calculável no tempo.

O levantamento topográfico foi efetuado, e posteriormente foi negociado um acordo com os vizinhos que alterou um pouco os limites do terreno. O acordo foi registrado no cartório de registro de imóveis da cidade, onde a propriedade (terreno) tinha matrícula (inscrição). Como curiosidade, a indústria, além de se preparar corretamente para as novas obras contratando esse levantamento topográfico, mandou fazer, orientada por um engenheiro de mecânica dos solos, vinte furos de sondagens geotécnicas, permitindo, assim, um estudo geotécnico preliminar do terreno comprado, em decorrência das pesadas cargas que o terreno teria de suportar nas suas fundações, com previsíveis novas obras de implantação dos prédios industriais.

2. O agrimensor (topógrafo), antes de começar a fazer seu levantamento de campo, além de fazer e ver aceita sua proposta de honorários, fez uma pesquisa para saber se o terreno era protegido por leis ambientais, para que suas picadas de entrada na vegetação do terreno não fossem caracterizadas como desmatamento. No caso, não era uma área protegida ambientalmente.

O departamento de engenharia da indústria emitiu uma resolução informando que, por causa da existência agora de um marco RN de alta confiabilidade e com cota definida com base no levantamento do IBGE e, a rede de pontos de confiança espalhados (frutos do trabalho do topógrafo) ficava proibida de usar "em futuras pequenas obras e provisoriamente" o chamado RN provisório. Sábia prescrição.

21. Erros nas medidas topográficas: como corrigir?

A topografia é uma ciência, ou tecnologia, experimental, e depende de dados coletados no local de estudo. Onde existe medição e experimentação, teremos, inevitavelmente, erros de medida, que podem ser divididos em dois tipos:

- erros sistemáticos: são os erros que derivam da dificuldade de medida e do uso de equipamentos. Em toda medição, apesar de todos os cuidados, há erros no uso de equipamentos e erros derivados da precisão desse aparelho. Há técnicas para tentar diminuir esses erros, e uma dessas técnicas consiste em distribuir o erro entre as medidas. Quando se mede a altura de um prédio com teodolito, dependendo da precisão do aparelho (1', 5' etc.), teremos um erro de certo valor;

- erros experimentais: são erros potencialmente evitáveis, e decorrem de falhas humanas. Eles devem ser combatidos com cuidados com outras medidas, verificações, auditorias etc. Por exemplo, se fizermos uma poligonal de nivelamento com os pontos A, B, C, D, E e F, a distância de A até F será de 830 m, e a diferença de altura entre os pontos A e F resulta em 2,41 m. Deveremos voltar e refazer o levantamento agora de F para A e verificar a nova diferença de nível. Digamos que ela seja de 2,73 m. Essa diferença de 2,73 m para 2,41 m seguramente resulta, nos dias de hoje, com equipamentos sofisticados e muito precisos, em um erro experimental inaceitável. O nivelamento deve ser refeito, indo e voltando pelos pontos de A até F mais uma vez até chegarmos a uma diferença de medidas entre ida e volta compatível, com a precisão necessária ao trabalho em curso. Nesse caso, o erro deverá ser distribuído entre as medições, proporcional a cada uma.

Transcrevemos a seguir um pequeno trecho da apostila (item 8.7, p. 55) de topografia da prof.[a] Maria Cecília Bonato Brandalise, da PUC-PR.

Erros na medida eletrônica

Os erros que ocorrem durante a medida eletrônica de ângulos e distâncias não diferem muito dos que ocorrem com a medida indireta. São eles:

- *Erro linear de centragem do instrumento [...].*
- *Erro linear de centragem do sinal-refletor: ocorre quando a projeção do centro do sinal não coincide com a posição do ponto sobre o qual está estacionado. Uma das maneiras de se evitar esse tipo de erro é utilizar um bipé para o correto posicionamento do sinal sobre o ponto.*
- *Erro de calagem ou nivelamento do instrumento [...].*
- *Erro de pontaria: ocorre quando o centro do retículo do aparelho (cruzeta) não coincide com o centro do prisma que compõe o sinal refletor.*
- *Erro de operação do instrumento: ocorre quando o operador não está familiarizado com as funções, programas e acessórios informatizados (coletores) que acompanham o instrumento.*

Como conviver com os erros?

Inicialmente, dividamos esse conceito em:

- erros: são passíveis de serem eliminados se tomarmos os cuidados necessários.
- imprecisões: são inevitáveis.

Uma das técnicas para se conviver com as consequências das imprecisões e minimizar seus efeitos consiste em distribuir seus resultados. Assim, se fazemos uma poligonal e fazemos as leituras de cotas de ida e volta, por exemplo, que resultam em uma diferença de nível de 7,3 cm, devemos dividir essa diferença entre todos os pontos medidos.

Nota curiosa

A impressão de resultados topográficos em papel pode levar a outro tipo de imprecisão, chamada de *dilatação do papel*. Um dos autores, quando jovem, mediu as distâncias entre doze pontos de um desenho às 8h30 da manhã, e, perto do meio dia, os resultados das medidas eram diferentes. O problema estava na dilatação do papel em decorrência do calor reinante.

22. Altimetria: nivelamento geométrico ou trigonométrico de um terreno e estaqueamento

Chama-se *nivelamento de pontos de um terreno* o levantamento das altitudes de pontos principais desse terreno e a comparação de cada um com um ponto principal, chamado de referência de nível (RN).

Exemplo: se o ponto RN tem cota 431,78 m e o ponto principal Z está 2,37 m acima do RN, a cota do ponto Z é:

$$431,78 + 2,37 = 434,15 \text{ m}$$

Para efetuarmos o nivelamento de pontos de um terreno, temos dois processos:

- nivelamento geométrico: nesse processo, usamos um aparelho de nível e uma mira para medir diferenças de níveis, visando ponto por ponto. Há terrenos com inclinação acentuada, nesses casos, o número de pontos intermediários é maior para podermos medir as diferenças de níveis entre os pontos principais;
- nivelamento trigonométrico: usamos o teodolito para medir níveis e ângulos, além de trenas para medir distância e, às vezes, medimos distância por taqueometria (medida de distância usando ângulos) e utilizando os recursos de trigonometria.

Vejam a seguir o esquema dos dois processos.

O nivelamento geométrico é mais demorado e trabalhoso, mas é o processo de maior precisão. No caso de instalação de uma indústria, pode ser necessário fazer um levantamento geométrico. Em uma propriedade rural, o nivelamento trigonométrico pode ser o suficiente, e é mais rápido e mais barato.

Nivelar geometricamente dois pontos é o processo usado para se conhecer a distância vertical que os separa, ou seja, a diferença de cotas ou altitudes entre ambos.

- Altitude: é a distância vertical referida ao nível médio dos mares (é um *datum* oficial).
- Cota: valor altimétrico arbitrário adotado na impossibilidade de referirmos o trabalho a uma marca da rede oficial (*datum*).

O nivelamento geométrico é comparável a uma simples somatória dos espelhos dos degraus de uma escada, conforme mostra a imagem a seguir.

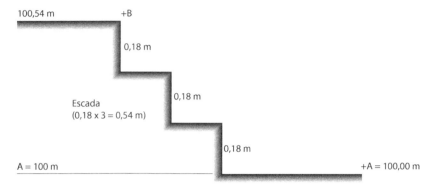

0,18 + 0,18 + 0,18 = 0,54 m. A diferença de nível entre A e B é de 0,54 m.

Se adotarmos para o plano horizontal que contém a linha A o valor de 100,000 m como cota teremos: 100,000 + (0,18 × 3) = 100,540 m para o plano horizontal que contém o ponto B.

Para o nivelamento de um terreno, usamos o equipamento conhecido como nível e as miras:
- nível: instrumento montado sobre tripé provido de luneta que tem seus montantes de apoio passíveis de nivelamento por meio de níveis de bolhas de ar contidas em tubos de vidro graduado em forma de arco.

Com movimento circular em torno de seu eixo vertical, descreve um plano horizontal em que todos os seus pontos têm a mesma altitude ou cota (plano de horizonte local).
- mira: régua métrica graduada ao centímetro geralmente com 4 m. São geralmente providos de prumos de nível de calota para a perfeita verticalização.
- operação: com o nível estacionado, preferencialmente equidistante de dois pontos a nivelar (para evitar distorções), visamos o ponto de origem (ré)

de cota ou altitude conhecida; a leitura da mira é feita por meio da luneta com aproximação ao milímetro. Somada essa leitura de mira à cota ou altitude do ponto de ré, temos a altura do instrumento girando-se o nível, visando a estaca seguinte (vante), e feita a leitura da mira ao milímetro, a mesma será diminuída da altura do instrumento e teremos a cota ou altitude do ponto de vante.

Muda-se o nível para a posição seguinte, e a estaca vante – anterior – passa a ser ré. Nesse tramo, visando a ré, teremos a nova altura do instrumento, da qual será deduzida a nova leitura vante, obtendo-se a cota ou a altitude do novo ponto.

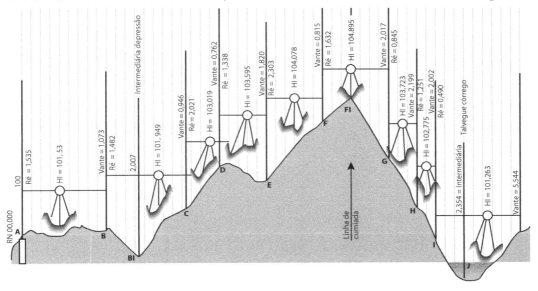

Est	Ré	Interm.	Vante	Alt. instr.	Cota	Est
RN = A	1,535			101,535	100	RN
B			1,073		100,462	B
	1,482			101,944		
BI		2,007	Interm.		99,937	BI
C			0,946		100,998	C
	2,021			103,019		
D			0,762		102,257	D
	1,338			103,595		
E			1,82		101,775	E
	2,303			104,078		
F			0,815		103,263	F
	1,632			104,895		
FI		0,601	Interm.		104,294	FI
G			2,017		102,878	G
	0,845			103,723		
H			2,199		101,524	H

(*continua*)

(continuação)

Est	Ré	Interm.	Vante	Alt. instr.	Cota	Est
	1,251			102,775		
I			2,002		100,773	I
	0,49			101,263		
J			0,544		100,719	J

Desenho do perfil do nivelamento de um terreno e a respectiva planilha de cálculo.

Sendo RN a referência de nível (*datum*) e HI a altura do instrumento.

Estaqueamento dos eixos

No caso do nivelamento de eixos de estradas, ruas, galerias ou vários tipos de dutos, usamos um nivelamento com base de 20 m, ou seja, uma estaca a cada 20 m. Para pontos fracionários como no cruzamento de dois eixos de rua, adotamos o número da estaca anterior mais a distância em metros até o cruzamento.

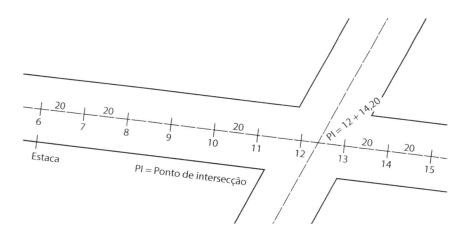

O ponto de intersecção PI está localizado a 12 × 20 = 240 + 14,2 m (fracionários), portanto, a 254,20 m da origem.

No caso do eixo desenvolver-se em curva, teremos estacas fracionárias nos pontos de concordância das entradas e saídas da curva. Os elementos para o cálculo de uma curva circular e o respectivo estaqueamento são os do gráfico a seguir.

Altimetria: nivelamento geométrico ou trigonométrico de um terreno e estaqueamento

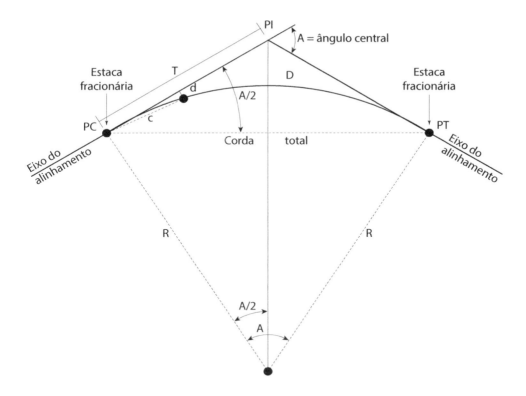

Onde:
Â: ângulo de deflexão das tangentes
T: tangente
dm: deflexão por metro
PC: ponto de começo de curva
G: grau da curva – ângulo central para uma corda com 20,0 m
R: raio
D: desenvolvimento
PI: ponto de intersecção das tangentes
PT: ponto de término de curva
c: corda

23. Topografia para pequenas obras

Obras de pequeno vulto (residências e prédios para comércio, por exemplo) podem ser feitas com uma topografia elementar desde que sejam feitas com muito cuidado e seriedade.

Assim, podemos usar nesses casos:

- medidas lineares com trena;
- verticalidade, usando o fio de prumo para se verificar se essa verticalidade está sendo obedecida, e, se for o caso, corrigir uma eventual não verticalidade;
- marcação de direções ortogonais (alicerces de casas sob paredes) usando-se o famoso triângulo 3:4:5;
- marcação de nível usando a famosa mangueira transparente com água e transferindo dados de níveis.

Veja a seguir o detalhamento de alguns desses cuidados.

Notas

1. Quando uma obra está pronta, é fácil de ver se ela obedeceu aos cuidados topográficos. Vá até a cozinha ou ao banheiro e veja o piso com ladrilhos. Se a obra foi mal locada e sem cuidados com a ortogonalização dos alicerces, os ladrilhos indicarão, como um verdadeiro gabarito, se as paredes estão ortogonais. Às vezes, em obras sem a utilização da adequada topografia, fieiras de ladrilhos do piso começam a desaparecer e a surgir em outros locais.

2. Os construtores locam as fundações e posições de paredes pelos eixos das peças, e não pela posição de faces de alicerces ou paredes.

Nota curiosa

Um dos autores deste livro foi visitar a obra de uma pequena edificação e verificou que as paredes de um cômodo não estavam uma ortogonal à outra. Feita a crítica ao pedreiro, Seu Joãozinho, este respondeu:

– Me dê uma semana que eu acerto!!!

Dali a uma semana, realmente as paredes pareciam estar umas ortogonais às outras.

Qual a técnica usada pelo pedreiro para acertar a ortogonalidade das paredes?

– Nós acertamos na massa – respondeu ele.

Esse conserto exigiu uma despesa maior com mão de obra e materiais. As paredes ficaram mais espessas do que o necessário. A área interna do cômodo ficou menor...

A ação correta era ter usado a topografia de locação para orientar a obra.

Veja o que foi feito:

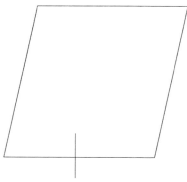
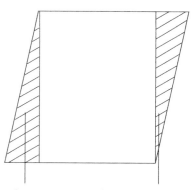

Planta sem respeitar a ortogonalidade   Acerto na massa pelo Seu Joãozinho

Solução correta: construir, com cuidado, verificando as medidas dos lados, possibilitando que os ladrilhos tenham orientações ortogonais.

Nota

Desenho com exageros.

24. Procedimentos prévios à execução de trabalhos topográficos

Regras básicas, para um jovem topógrafo, e cuidados iniciais para o levantamento topográfico de um terreno com formato irregular e relevo parcialmente acidentado:

0. Antes de iniciar um trabalho, faça uma proposta comercial ao proprietário com escopo, prazo, valor dos honorários e parcelamento desses valores, se for o caso.

1. Antes de fazer a proposta do levantamento, visite o local a ser levantado, ou, se é muito caro visitar o local, ainda na fase da proposta de serviços (pode acontecer de o profissional não ser contratado), obtenha dados do local e coloque na proposta os dados do terreno a levantar. Visitando a área nessa fase da proposta, tire fotos do local e coloque datas nas fotos.

2. Faça a sua proposta de serviços (sempre começando com a data) indicando com minúcias o que será feito no caso de ser aceita a proposta, o valor dos serviços, formas de pagamento, prazo para a execução do trabalho. Indique o tipo de produto final do trabalho. Faça a proposta no mínimo em duas vias, e faça com que o cliente aceite, por escrito, essa proposta, se ele desejar o trabalho. Se o cliente não quiser assinar contrato, ele não é sério. Todo o trabalho deve ter um sinal (início de pagamento) – algo em torno de, digamos, 20%.

3. Antes de elaborar a proposta, verifique as condições de acesso ao terreno, as condições de alojamento e de alimentação do seu pessoal.

4. Só com a proposta aceita por escrito (que se transforma em contrato) e com o recebimento do sinal comece o trabalho.

5. Veja o Capítulo 48 contendo sugestões de contrato de serviços de topografia.

6. Para áreas que não sejam de grande porte, faça, com passos calibrados, uma medida informal do terreno para ver se ele tem algo como 900 m^2 ou se ele tem, na verdade, algo como 2.000 m^2 (ou mais). As formas, as mais irregulares, sempre podem ter a sua área tornada equivalente, aproximadamente, à de um retângulo (para calcular a área de um retângulo é igual a "a" × "b").

7. Em documentos formais, pouco formais e não formais, escreva sempre a data, o nome do profissional (o nome, e não a assinatura) e o número de registro no Conselho Regional de Engenharia e Agronomia (CREA) ou no Conselho de Arquitetura e Urbanismo (CAU). Em desenhos, além da data, colocar sempre a escala numérica ou gráfica, ou a indicação "sem escala".

8. Com a sua contratação e o pagamento efetuado, emita a anotação de responsabilidade técnica (ART) do CREA ou do CAU (registro de responsabilidade técnica – RRT).

25. Medidas de áreas

Chama-se *área* a parte delimitada de um plano. Uma área retangular tem duas dimensões.

Na topografia, a função da medida de áreas é muito importante. A área do Brasil é, por exemplo, de aproximadamente 8.500.000 km².

Se associássemos essa área a um quadrado, esse quadrado teria como lado:

- L × L = 8.500.000 km²;
- L = (8.500.000 km²) elevado a ½;
- L = 2.915,48 km de dimensão de cada lado, se a planta topográfica desse país fosse um quadrado perfeito.

Desenho sem escala

Tendo um levantamento planimétrico de uma área, devemos calcular sua área.

Com as estações totais, o próprio computador do aparelho, via programa, permite esse cálculo, e, quanto mais pontos com limites da área tiverem, mais precisa será a medida.

Note, e isso é muito importante, que, na topografia, sempre se medem áreas na projeção horizontal. Se, por exemplo, houve um trabalho de impermeabilização com a pintura de uma área irregular com subidas e descidas, essa medida de área projetada em um plano horizontal falseia o resultado do trabalho a impermeabilização. Nesse caso, temos que medir a área de um terreno inclinado, fazendo essa medida por partes, e depois temos que somar essas partes.

Mas vejamos como podemos calcular áreas:

a) Área formada por limites retos

Nesse caso, a área, não sendo retangular, poderá ser dividida em triângulos; calcula-se, facilmente, a área de cada triângulo a partir dos produtos:

$$S = (b \times h/2)$$

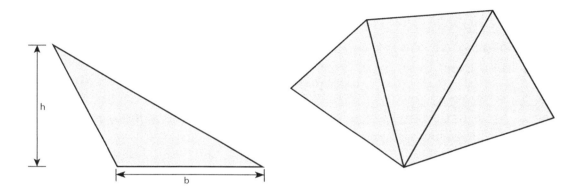

b) Área formada por limites retos e curvos

O processo histórico mais simples é o chamado Método de Quadrículas dos Arquitetos.

Nesse método, divide-se a área irregular em quadrículas de pequenas dimensões e verificam-se quantas quadrículas inteiras resultaram. As quadrículas não inteiras devem ser somadas grupo por grupo e resultar aproximadamente, a uma quadrícula plena.

O total da soma das quadrículas plenas e das quadrículas resultantes da soma das quadrículas parciais consiste na medida da área. Se adotarmos quadrículas com 1 cm de lado, multiplicando o número de quadrículas total por 1 cm^2, teremos a área do desenho. Esse processo, apesar de pouco preciso, é rápido e atende a vários tipos de levantamento em que a precisão não é fundamental.

Introduzimos o conceito de escala do desenho. Ou seja:

Desenho na escala 1:1.000. Isso significa que, no desenho, o valor de uma medida, digamos de 8 cm, vale: 8 cm × 1.000 = 8.000 cm = 80 m.

Uma quadrícula representaria 80 m × 80 m = 6.400 m^2.

Num outro mapa ou desenho, a escala poderá ser 1:20.000. Então, uma medida de 4,5 cm corresponde a:

$$4,5 \text{ cm} \times 20.000 = 90.000 \text{ cm} = 900 \text{ m} = 0,9 \text{ km}.$$

Como regra de comunicação, uma escala é considerada maior quando o seu denominador é menor se comparado com outra, dita menor, quando seu denominador é maior. Portanto, a escala 1/1.000 é maior do que a escala 1/20.000.

c) Utilização do planímetro

O planímetro é um aparelho que, ao percorrer sequencialmente os limites de um desenho, calcula automaticamente (totaliza) a área do desenho. Com a escala do desenho, determinamos a área real do terreno levantado topograficamente. Fazer previamente a aferição do perímetro.

d) Curiosidade histórica, mas que pode ser usada no cálculo de áreas

Elaborava-se, há muito tempo, o desenho da área de uma figura em um papel de qualidade.

Com uma balança de precisão, media-se o peso de um quadrado do papel com 10 cm de lado.

Recortava-se a figura desenhada, que era, então, pesada. A área do desenho era medida pela proporção entre o peso do quadrado-padrão e o peso do desenho.

Ainda hoje, no comércio de papéis, usa-se a classificação 75 g/m^2, indicando que 1 m^2 desse papel pesa 75 g.

Regra de ouro, não se esqueça:

Lembrar sempre que devemos medir a área do desenho em cm^2 e, só depois de conhecer essa área, usar a escala para calcular a área que o desenho representa.

Assim, se uma área de desenho mede 4.358 cm^2 e a escala do desenho é 1:100, então, 1 cm do desenho vale 1,00 m e 1 cm^2 vale, no terreno, 10.000 cm^2, ou seja, 1 m^2 do terreno e, portanto, 4.358 cm^2 de desenho equivalem a 4.358 m^2 de área do terreno.

Na figura a seguir é mostrado um detalhe com 817 cm². Considerando-se uma escala de desenho 1:40 (a escala adotada não é usual para áreas), então a área (A) real do terreno será de:

$$A = 817 \times 40 \times 40 = 1.307.200 \text{ cm}^2$$

Como 1 m² = 100 cm x 100 cm = 10.000 cm², a área real do terreno será:

$$A = 1.307.200 / 10.000 = 130,720 \text{ m}^2$$

Se fosse um quadrado, teria, aproximadamente, 11,43 m de lado.

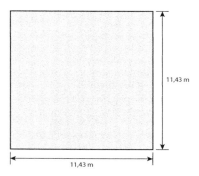

26. Demanda de tempo de campo para as atividades mais comuns de topografia

Apresentamos para os jovens profissionais valores médios estimativos das demandas de tempo para várias atividades de topografia, sempre levando em conta já estarmos no local de trabalho. Se existirem dificuldades de se chegar ao local de trabalho (local muito distante), esse tempo adicional deverá ser aferido e acrescentado às demandas de tempo a seguir listadas. Claro que terrenos acidentados ou cobertos de mato aumentam os prazos do trabalho. Pressupõe-se o uso da estação total, ou seja, um teodolito eletrônico que agiliza as atividades de obtenção de medidas, de registro dos dados e até de impressão do desenho da gleba, via programa de computador.

Tempos de atividade depois de chegarmos ao local de estudo:
- determinação das coordenadas UTM[1] de um ponto usando o equipamento GPS: alguns poucos minutos;
- levantamento planialtimétrico de terrenos até 2.000 m^2: um dia;
- levantamento planialtimétrico de terrenos bem maiores que 2.000 m^2 e até 10.000 m^2: três dias;
- levantamento planialtimétrico de uma chácara de um alqueire paulista (24.200 m^2) razoavelmente acidentado: cinco dias;
- levantamento planialtimétrico de sítios e fazendas: analisar caso a caso, levando em conta área, facilidade de locomoção dentro dessa área, tipo de ocupação do terreno (mato, tipo de cultura), desníveis, ocorrência de rios, pântanos, limites bem ou mal definidos e outros fatores.

---

[1] O sistema de projeção de Mercator ou UTM é um sistema de projeções cartográficas que transforma a esfera da Terra em um plano com meridianos e paralelos desenvolvidos ortogonalmente, gerando deformações próprias do desenvolvimento de uma esfera em um plano.

Notas

1. Em todos os casos citados, não se esqueça de acrescentar o tempo de ida ao local de trabalho, o tempo de retorno ao escritório, a preparação de desenhos e a preparação formal do documento a ser entregue ao cliente.

2. Para todas essas demandas de tempo, estamos considerando uma equipe de topografia com um topógrafo e dois auxiliares.

3. Atenção: chuvas ampliam os prazos indicados.

4. Em locais distantes, como resolver as questões de alimentação e uso de sanitários?

27. Regras para se fazer o levantamento topográfico de uma fazenda (grande área)

As regras e os cuidados para se executar o levantamento topográfico de uma fazenda (grande área) são as mesmas para se realizar o levantamento topográfico de um sítio (área bem menor) ou de uma chácara (de área muito menor), levando-se em conta, adicionalmente, que, em levantamentos de grandes áreas, é sempre necessário, e por vezes, obrigatório, usar coordenadas topográficas e o norte verdadeiro, ou seja, usar um aparelho estação total (GPS, do inglês *Global Positioning System*) – teodolito eletrônico.

Alguns aspectos típicos do levantamento topográfico de áreas maiores podem influenciar os custos de execução desses levantamentos.

Vamos a esses possíveis aspectos para grandes áreas:
- a locomoção da equipe de topografia ao longo do terreno é mais complexa e demorada;
- no caso de acidentes (quedas, picadas de cobras etc.), o socorro é mais demorado;
- o deslocamento para as refeições diárias é maior;
- a área pode estar em dois municípios de comarcas diferentes e, portanto, a documentação, obrigatoriamente, estará em dois cartórios de registros imobiliários;
- como os limites de uma fazenda estão mais distantes da sede da fazenda do que no caso de uma chácara, podem acontecer mais problemas de indefinição e conflito de limites propriedade;
- cuidado com as picadas de cobras venenosas. Use botas. Saiba onde fica o hospital mais próximo, e onde encontrar soro antiofídico.[1]

---

[1] Local em que se pode conseguir soros antiofídicos: Instituto Butantan São Paulo (SP). Telefones: 0800 701 28 50; (011) 26 27 93 00. **E-mail: sac@butantan.gov.br**

No resto, as atitudes de uma boa técnica de levantamento topográfico são iguais.

O órgão público que distribui o soro antiofídico no Brasil é o Ministério da Saúde, e o site específico que informa o local de socorro (sempre um hospital) é:

<http://portal.saude.gov.br/portal/saude/visualizar_texto.cfm?idtxt=24848>

Poderá também ser utilizado o Disque Saúde: 136 – Ministério da Saúde Esplanada dos Ministérios – Bloco G – Brasília/DF/CEP: 70058-900.

Nota

No estado de São Paulo existem 223 pontos de apoio para obtenção de soros antiofídicos.

Atenção: cobras venenosas também podem ser encontradas em áreas suburbanas de cidades do interior.

Topógrafo com chapéu, roupa comprida (camisa e calça) e botas.

Regras para se fazer o levantamento topográfico de uma fazenda (grande área)   155

Mira.

Prisma refletor telescópico e teodolito.

Estação total.

28. Topógrafos e loteamentos

Uma das atividades mais comuns de um agrimensor (topógrafo) é planejar e dividir glebas (grandes áreas) em lotes menores, que serão vendidos pelo proprietário para terceiros. Os lotes podem ser de vários tipos para uso agrícola, lotes residenciais, lotes industriais etc. Em certos países, como na Holanda, existem lotes somente para atividade de lazer, por exemplo, ligados à plantação amadora de flores (minichácaras de flores).

No planejamento da divisão da gleba, levar em consideração:[1]

- finalidade do loteamento;
- legislações federal, estadual e municipal;
- características topográficas e geológicas da área;
- o sistema viário do loteamento;
- limitação da declividade das ruas do sistema viário;
- obras de implantação do loteamento, como as áreas de bota fora dos cortes necessários e os sistemas viários provisórios de acesso para máquinas de terraplenagem;
- no planejamento de loteamentos, não fechar fundos de vale, permitindo sempre o livre escoamento superficial de águas de chuva. Se fecharmos fundos de vale, teremos que construir bocas de lobo para a captação de águas que correm pela sarjeta e canalização enterrada de escoamento de águas pluviais, captadas pelas bocas de lobo.
- não criar vielas sanitárias, pois estas, em geral, costumam ficar abandonadas, servindo de destino de acúmulo de lixo. Se as vielas sanitárias tiverem que existir, prever a possibilidade de o vizinho lindeiro dessas vielas usar, provisoriamente, essas vielas como faixa *non edificandi* (por exemplo, uso como jardim);[2]

---

[1] Referência à Lei Federal n. 6.766 (lei de parcelamento do solo) sucessora do Decreto-Lei n. 58.

[2] Sugerimos a leitura do livro de um destes autores de nome *Águas de chuva: engenharia das águas pluviais nas cidades*, da Editora Blucher.

- não criar, se possível, longos muros paralelos com a rua, pois alguns dos trechos mais distantes das portarias podem virar depósitos de lixo.

Finalizado e aprovado o projeto, e se o contrato o exigir, faça a implantação do loteamento, ou seja, no terreno, deixar marcos de referência geral do loteamento e marcos de concreto de definição dos limites de cada lote. Para isso será necessário retirar a vegetação local. Esse custo foi considerado na sua proposta?

Nem sempre o previsto nos desenhos de planejamento ocorre na prática em decorrência dos erros do levantamento. Implante os lotes e corrija os desenhos, para que a emissão do desenho evolua de acordo com a evolução da implantação do loteamento.

Finalizada a implantação do loteamento, alguns compradores iniciais irão ocupar os lotes e encontrarão, sem dúvidas, os marcos (ou piquetes) de cada lote. No entanto, se passarem anos, os piquetes ou marcos poderão desaparecer pelo tempo ou por vandalismo. Nessa situação, o correto é o proprietário solicitar à prefeitura que, com o apoio de um topógrafo oficial, demarque o seu lote com base no desenho do loteamento aprovado. Isso é chamado de *avivamento de marcos* ou *avivamento de ângulos*. Alguns proprietários, que apenas utilizarão o lote anos depois de implantados, constroem antes as cercas ou os muros de delimitação do seu lote (cuidado patrimonial).

O projeto do loteamento deve ser apresentado à prefeitura pelo proprietário para aprovação e arquivo do loteamento. Dependendo do tipo de loteamento, as ruas devem ser doadas pelo proprietário à prefeitura. O loteamento também deve ser registrado no cartório de registro de imóveis e, com isso, cada lote passa a ser uma unidade autônoma, ganhando a matrícula de registro, número equivalente à nossa certidão de nascimento.

Consultar o texto "Os 6 mandamentos do bom loteamento", de autoria do geólogo Álvaro Rodrigues dos Santos, e-mail: santosalvaro@uol.com.br, publicado na *Revista Engenharia* n. 575/2006, página 31.

Quanto ao traçado das ruas, tome vários cuidados e nunca projete cruzamentos de ruas em pontos sem visibilidade (ver capítulo 30 deste livro).

Nota

Existem os mais variados usos de terrenos; cemitério de cadáveres humanos e de animais de estimação, por exemplo.

Contribuições do colega arquiteto Sylvio Alves de Freitas:

Caro Manoel

Quando aprendemos a fazer levantamentos topográficos, aprendemos a calcular o erro de fechamento, ou seja, sempre ocorre o erro.

Com as novas técnicas, (satélite etc.) a possibilidade de erro diminui, mas existe. Portanto, é prudente, ao respeitarmos as exigências urbanísticas da necessidade de áreas livres, as deixarmos, estrategicamente, junto às divisas do loteamento, como proteção do mesmo.

Criamos, assim, um cinturão verde, que serve como segurança para erros, pois, dessa forma, teremos como implantar todos os lotes, tanto no papel (tela do computador), como no local, pois, se necessário, poderemos "invadir" essa área verde, que deve ser prevista com folga e que será diminuída, mas não irá alterar o número de lotes a serem vendidos, nem suas dimensões.

Em Itu, no estado de São Paulo, existe um loteamento de 1.000 lotes registrados e incorporados dos quais só existem no local, vendidos a condôminos, 998. Por isso, a incorporadora se obrigou a custear as despesas de condomínio desses dois lotes que não foram vendidos por serem inexistentes, mas por fazerem parte das unidades levadas ao Registro Imobiliário, ficarão de propriedade dela eternamente!!!!!!!

Conclusões e recomendações:

1. *A área verde, comum ao loteamento ou doada à prefeitura, deve ser prevista com certa folga em relação às exigências legais urbanísticas (pulmão de medidas) e, poderá assim, assimilar esses pequenos erros ou diferenças de medidas, que vão se acumulando durante a demarcação dos lotes no terreno.*

2. *Devemos procurar inserir essas áreas verdes comuns nas extremidades das quadras. Essas áreas verdes comuns funcionam como "pulmão topográfico" (área de ajuste de implantação dos lotes).*

Nota de esclarecimento

O proprietário de um loteamento, mesmo aprovado pela prefeitura, não tem, por leis municipais, o direito de nomear ruas e numerar oficialmente os lotes. Isso tudo tem que ser feito pela prefeitura. Por isso, os loteadores adotam denominações provisórias como rua "A", rua "B" etc. Para a numeração dos lotes, recomenda-se que a prefeitura siga as orientações do livro *Manual de primeiros socorros do engenheiro e do arquiteto*, volume 1, de autoria do autor Manoel Henrique Campos Botelho, livro da Editora Blucher.

29. O que os construtores civis gostariam de solicitar (e receber) em termos de apoio à topografia para suas obras. Locação de obras e edificações

Com os dados topográficos levantados e os projetos arquitetônico e estrutural em mãos, e admitindo-se que estejam integrados, ou seja, falem a mesma linguagem (em certos casos, não falam a mesma linguagem), cabe ao topógrafo, se para isso for contratado, locar a obra e acompanhar o seu desenvolvimento em termos de obediência das medidas planas e suas respectivas medidas altimétricas.[1]

Depois da obra pronta, se ela começar a:

- afundar (recalcar) por igual;
- afundar (recalcar) desigualmente;
- parte da obra (por exemplo, marquises) se deformarem, mesmo se a estrutura principal não tiver recalques.

Para tudo isso, o auxílio da topografia é importantíssimo, pois ela identifica problemas e orienta soluções.

Um dos autores deste livro, associado a um engenheiro agrimensor, foi contratado para acompanhar as consequências em um prédio mais de vinte anos após a

---

[1] Por erros de altimetria, pés-direitos de 2,30 m em escadas ficaram, em várias obras residenciais, com 1,80 m, exigindo, por absurdo e para a eternidade, a colocação de uma faixa superior alertando: "Abaixe a cabeça". Um dos autores deste livro viu essas faixas em residências e em um hotel quatro estrelas. O acompanhamento da obra por um topógrafo evitaria, possivelmente, esse problema.

sua execução por causa da construção de uma linha subterrânea de metrô junto ao prédio, o que exigiu abaixamento do lençol freático.

Para isso, se previu:

- análise da documentação estrutural do prédio;
- cravação nos pilares do prédio de vários pinos (marcos) e seu levantamento topográfico com precisão a partir de pontos distantes não influenciados pelas obras;
- acompanhamento diário no início, depois, semanal, em seguida, mensal (se não aparecessem problemas de recalque) da altitude desses pinos, com a emissão de relatórios para o cliente e para a linha de metrô.

Notas

1. Nas prescrições preciosas do livro do engenheiro Walid Yasig, citado mais adiante, para uma determinada obra, não há exigências quanto ao uso de RN oficial e amarração a coordenadas geográficas. Dá-se uma explicação: o autor devia estar se referindo a uma obra de um edifício de médio porte e, por isso, será uma obra solitária em relação às obras do entorno. Se fosse uma enorme obra em uma grande área e aproximando-se de terrenos públicos (podendo ocorrer a interferência com redes de esgotos, redes de águas pluviais, cabos telefônicos etc.), seria recomendável a amarração das medidas da obra, principalmente ao RN oficial e, talvez, a coordenadas geográficas.

2. Alerta: a locação de obras civis é sempre feita a partir de eixos de peças.

Vejamos o que diz a norma federal da Secretaria de Estado da Administração e Patrimônio (SEAP) sobre o trabalho de topografia nas obras:

SERVIÇOS PRELIMINARES: LOCAÇÃO DE OBRAS

1.1.1 [...] A locação será feita sempre pelos eixos dos elementos construtivos, com marcação nas tábuas ou sarrafos dos quadros, por meio de pintura ou cortes na madeira e pregos do gabarito.

1.2 A locação de sistemas viários internos e de trechos de vias de acesso será realizada pelos processos convencionais utilizados em estradas e vias urbanas, com base nos pontos de coordenadas definidos no levantamento topográfico.

2.1 Recebimento

O recebimento dos serviços de Locação de Obras será efetuado após a Fiscalização realizar as verificações e aferições que julgar necessárias. A Contratada providenciará toda e qualquer correção de erros de sua responsabilidade, decorrentes da execução dos serviços.

3. NORMAS E PRÁTICAS COMPLEMENTARES

A execução de serviços de Locação de Obras deverá atender também às seguintes Normas e Práticas Complementares:

- Práticas de Projeto, Construção e Manutenção de Edifícios Públicos Federais;
- Normas da ABNT e INMETRO;
- Códigos, Leis, Decretos, Portarias e Normas Federais, Estaduais e Municipais, inclusive normas de concessionárias de serviços públicos;
- Instruções e Resoluções dos Órgãos do Sistema CREA/CONFEA.

Exemplo de especificação de trabalho de topografia para uma obra:

Anexos:

Anexo 1 – Locação de obras

1. Objetivo

Estabelecer diretrizes gerais para a execução de serviços de locação de obras.

2. Execução dos serviços:

2.1 Processos executivos

A locação da obra no terreno será realizada a partir das referências de nível e dos vértices de coordenadas implantados ou utilizados para a execução do levantamento topográfico.

Sempre que possível, a locação da obra será feita com equipamentos compatíveis com os utilizados para o levantamento topográfico. Caberá ao contratante o fornecimento de cotas, coordenadas e outros dados para a locação da obra.

Os eixos de referência e as referências de nível serão materializados por meio de estacas de madeira cravadas na posição vertical ou por marcos topográficos previamente implantados em placas metálicas fixadas em concreto. A locação deverá ser global, sobre quadros de madeira que envolva todo o perímetro da obra.

Práticas das construções

Anexo 2

Fiscalização

Sumário

   1. Objetivo

   2. Fiscalização

1. *Objetivo*

Estabelecer as diretrizes gerais para a fiscalização dos serviços de locação de obras.

2. *Fiscalização*

A fiscalização deverá realizar, além das atividades mencionadas na prática geral de construção, as seguintes atividades específicas:

- aprovar previamente o conjunto de instrumentos, como teodolito, nível, mira, balizas e trena de aço, a ser utilizado nas operações de locação da obra;
- verificar se são obedecidas a referência de nível (RN) e os alinhamentos estabelecidos pelo levantamento topográfico original;
- observar se são obedecidas as recomendações quanto à materialização das referências de nível e dos principais eixos da obra;
- efetuar as verificações e aferições que julgar necessárias, durante e após a conclusão dos serviços pela equipe de topografia da contratada.

Nota

Como complemento, sugerimos consultar o livro *A arte de edificar*, de Walid Yazig, da Editora Pini.

Uma prática que deve sempre ser adotada é a de "como foi construído" (*as built*). Ao término de qualquer obra de engenharia, os construtores devem executar o levantamento detalhado das construções ou modificações realizadas no projeto original e informar o responsável pelas aprovações, entregando cópia do levantamento executado.

30. Erros de implantação urbanística levam a vários problemas: erros do topógrafo ou do urbanista?

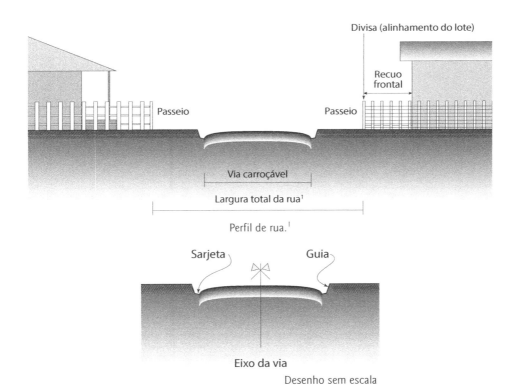

Perfil de rua.[1]

Desenho sem escala

Analisemos agora alguns casos de problemas ligados à interação topografia e urbanismo.[2]

---

[1] Notar que, em termos urbanísticos, a "largura total" de uma rua inclui os espaços dos passeios laterais.

[2] Deve-se prestar muita atenção à base cartográfica a ser adotada. Sem essa verificação, houve muitos erros no passado.

1. Esse caso aconteceu na década de 1950, numa cidade litorânea no estado de São Paulo. Um loteador projetou um loteamento e o aprovou na prefeitura. O loteamento era de pequeno porte, com aproximadamente trezentos lotes, com as seguintes características:

   - lotes de 10 × 30 m;
   - largura de rua (leito carroçável), inclusive a calçada, com 16 m.

   Veja, na figura a seguir, informações sumárias sobre o loteamento.

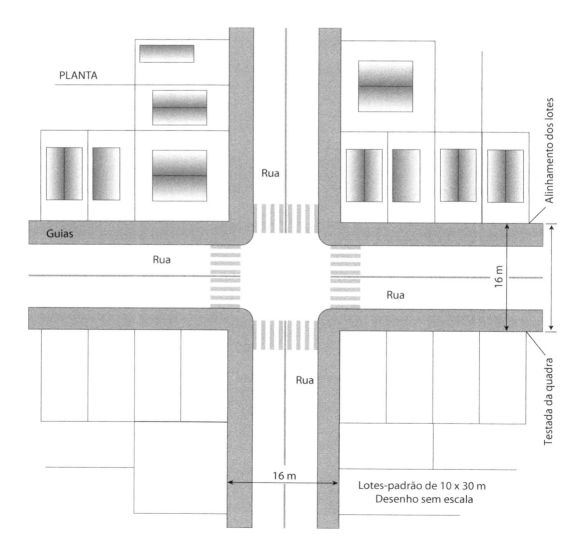

Lotes-padrão de 10 x 30 m
Desenho sem escala

Com o loteamento aprovado, as ruas de terra maldefinidas foram abertas, foram demarcados lotes com piquetes e os lotes foram vendidos. Como era uma zona nova, os primeiros proprietários não edificaram nada. Passados uns cinco anos, algumas edificações simples foram construídas. Como os pinos de madeira de localização e delimitação dos lotes desapareceram, para cada nova obra era necessário chamar o topógrafo da prefeitura para a localização de cada lote. Esse topógrafo usava a única planta do loteamento em papel que existia na prefeitura. Um dia, esse papel desapareceu, mas, por sorte, com os pinos de madeira restantes, as locações de lotes continuavam a existir.

Um novo prefeito, ao visitar o loteamento, notou o estado precário das ruas de terra e decidiu abrir novas ruas, e o fez sem consultar os critérios usados pelo loteador. O prefeito aumentou a largura das ruas de 16 para 19 m. Com isso, a parcela do loteamento ainda não ocupada por edificação começou a marcar seus lotes de 10 × 30 m a partir da largura aumentada da rua.

O que aconteceu? Alguns lotes ou desapareceram ou ficaram com 6 m ou 5 m de frente, gerando um problema sem solução para seus proprietários, pois estes não podiam dizer que o vizinho ao lado teria roubado um trecho do seu lote, pois o vizinho ao lado, que edificara antes, utilizou as medidas previstas de 10 × 30 m. O problema continua até hoje. Um lote com 4 m de frente desse loteamento está abandonado atualmente e acumula lixo sem que ninguém o ocupe.

2. Nos anos 1970, ocorreu o problema inverso. No sofisticado bairro de Moema, São Paulo, foi derrubada uma casa com grande terreno, e lá (lote 1) foi implantado um edifício com dois níveis de garagem subterrânea. No também grande lote, confrontado nos fundos do citado, existia uma fábrica que também teve seu terreno vendido (lote 2) para a construção de outro prédio. Só que de acordo com os documentos de propriedade, implantando-se as novas construções pela indicação dos comprimentos dos lotes, sobrava entre os dois lotes 1,5 m que ninguém ousou avançar no uso.

Com os dois prédios já construídos, sobrou essa faixa de aproximadamente 1,50 m de ninguém que na prática, era inaproveitável, e que começou a ser usada como depósito de lixo. Um dia, se descobriu que se alguém se instalasse lá (e dizem que há um município com um prédio de 2 m de largura), não haveria como se solicitar o despejo, pois ninguém era dono dos 1,50 m restantes. No silêncio, se cobriu e se fechou a área dissimulando a sua existência. Esse terreno que sobrou lá está, sem uso, mas, pelo menos, sem ser um criadouro de ratos. Veja a seguir o esquema de corte.

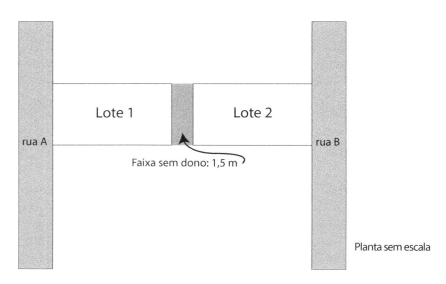

3. Virada à esquerda sem ângulo.

Nunca projete uma virada à esquerda de uma rua se pela frente houver uma descida, pois ao virarmos à esquerda, outro carro poderá estar subindo a rampa. O carro 1, ao virar à esquerda, poderá não ver o carro 2 se aproximando.

Veja a figura a seguir.

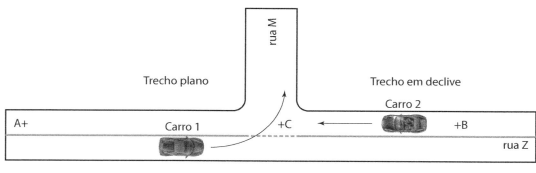

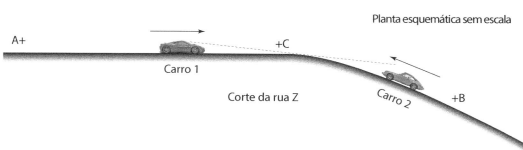

O carro 1 quer virar à esquerda em C, mas não vê o carro 2. Haverá o risco de trombada.

4. Um pequeno, mas perigoso, precipício urbano, um erro urbanístico.

    Sejam duas ruas convergentes; do seu ponto de encontro com declividades totalmente diferentes, foi gerado um miniprecipício urbano, onde os carros podem perder orientação. Veja a figura a seguir.

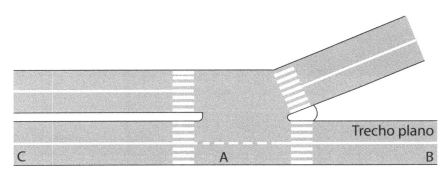

Planta de encontro de ruas sem escala.

Esse desenho é de um local próximo ao Aeroporto de Congonhas, em São Paulo, e a solução urbanística possível é instalar anteparos na rua, evitando-se que os carros tombem.

Nota

Esse erro urbanístico foi alertado ao autor MHCB pelo saudoso arquiteto Paulo Sergio, que trabalhou com esse autor na Promon Engenharia, na década de 1970.

5. Curvas assassinas: homenagem ao engenheiro professor Ardevan Machado.

    O professor e engenheiro Ardevan Machado ministrava aulas de geometria numa famosa escola de engenharia, além de ser também engenheiro da Prefeitura do Município de São Paulo. Observador atento e usuário da rede viária dessa cidade, constatou que várias ruas em curva não tinham a necessária sobre-elevação que ajudaria a manter o carro dentro da curva, e, em alguns casos, a sobre-elevação era invertida, ou seja, a sobre-elevação jogava para fora da curva o carro quando este estava a uma velocidade maior que o valor máximo. O professor Ardevan passou vários anos lutando contra essas "curvas assassinas", como ele as definia. Algumas curvas assassinas foram eliminadas.

Veja um caso típico com a solução correta. A sobre-elevação adequada da curva não permite que o veículo tenda a sair pela tangente da curva.

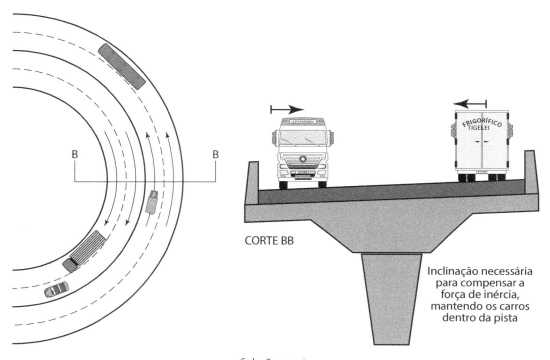

Solução correta.

Na solução correta, a declividade transversal tende a fazer com que os veículos que se movem dirijam-se para dentro da curva, por conta da sobre-elevação devidamente projetada e executada.

Como verificamos, nunca devemos projetar e executar estradas e ruas com suas seções transversais planas nas curvas, o que faz com que os veículos tenham dificuldade em se manter em suas faixas.

Erros de implantação urbanística levam a vários problemas: erros do topógrafo ou do urbanista? |71|

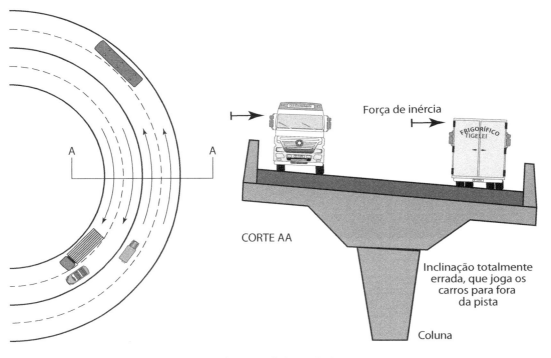

Solução errada (assassina).

31. Locação de um terreno num velho loteamento: não construa em lote errado! A função é do topógrafo da prefeitura local

Um trabalho muito comum que se solicita a um topógrafo é o de locar um terreno em um loteamento ainda pouco ocupado.

A primeira atitude a ser tomada é tentar localizar os pequenos marcos de delimitação do lote, tarefa difícil, pois o tempo tudo leva, seja por apodrecimento de marcos de madeira, seja por vandalismo em pequenos marcos de concreto. Mesmo que esses marcos sejam encontrados, é necessário executar, no mínimo, as seguintes tarefas:

- solicitar, na prefeitura, cópia do desenho do loteamento aprovado e, com os dados desse documento, tentar localizar o terreno. Consultar também a certidão de registro de imóveis.
- algumas prefeituras mais bem organizadas somente fornecem o alvará para iniciar a obra com o comparecimento do topógrafo oficial da prefeitura para marcar (reavivar) a localização dos marcos históricos.
- solicitar da prefeitura a ida do topógrafo oficial para demarcar o alinhamento dos lotes e, portanto, do seu lote, para evitar que a construção invada ou se aproxime demais desse alinhamento, que define o limite entre o terreno público (calçada) e o lote particular.

Se o loteamento tiver correta ocupação dos lotes, os limites desses lotes ajudarão o seu topógrafo a marcar os limites do seu lote, sempre torcendo para que não tenha havido invasões de lotes, situação por vezes quase incorrigível.

A localização de uma futura edificação internamente ao lote e sua área prevista dependerá do código de obras e do código urbanístico do município, e, em caso de grandes obras, de leis de proteção ambiental.

Nota

Nunca esquecer que, de acordo com o Código Civil, art. n. 1.301, consta a restrição:

"É defeso [proibido] abrir janelas ou fazer eiras, terraço ou varanda a menos de 1,50 m do terreno vizinho".

Opinião dos autores: estando esse terreno ocupado ou não.

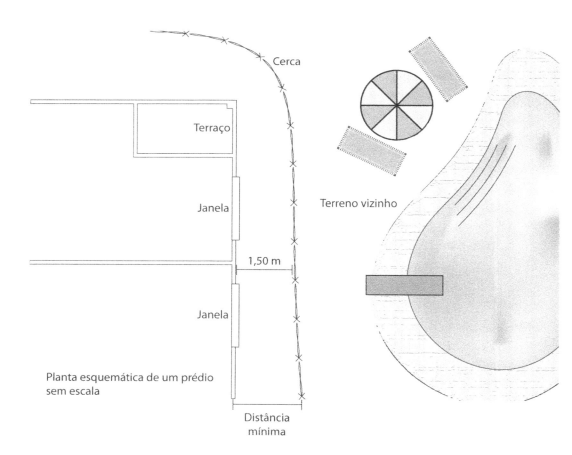

32. Tipos de trabalho de topografia, exigências do cliente *versus* equipamentos necessários

Vejamos como correlacionar a precisão desejada pelo cliente e os equipamentos a serem utilizados. Sejam a área a seguir e o ângulo obtido em diversos equipamentos:

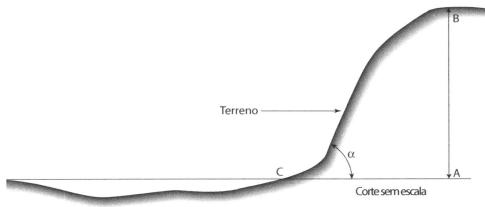

Seja CA = 79,998 m, em que:

Tg α = AB/AC = 62,502/79,998 = 0,78128

α = 38°

Ângulo α expresso em graus	Ângulo α expresso em forma decimal	Tg α	Altura AB medida em função da tangente de α (m)
38° 00' 00"	38,000°	0,78128	62,502
38° 00' 01"	38,00027°	0,78129	62,503

(continua)

(continuação)

Ângulo α expresso em graus	Ângulo α expresso em forma decimal	Tg α	Altura AB medida em função da tangente de α (m)
38° 00' 05"	38,00135	0,781323	62,505
38° 00' 30"	38,0081	0,78151	62,521

Análise:

A variação de AB da segunda para a primeira linha é de: 62,503 − 62,502 = 0,001, ou seja, 1 mm.

A variação de AB da última linha para a primeira é de: 62,521 − 62,502 = 0,019, ou seja, 1,9 cm ou 19 mm.

Repetimos a orientação:

Levantamentos de áreas rurais que se destinam a plantações e pecuárias podem usar métodos simplificados. No oposto, locais destinados para a instalação de equipamentos de maior vulto exigem uma precisão muito maior.

Um exemplo concreto de necessidade de alta precisão é o caso da abertura de um túnel com a escavação iniciando-se de dois lados opostos, como foi o caso do túnel sob o Canal da Mancha, que liga a Inglaterra e a França.

B
ELEMENTOS DE CARTOGRAFIA

33. Fusos horários: como entendê-los

Há situações que exigem condições de iluminação natural,[1] por exemplo, a aterrissagem de aeronaves sem instrumentos.

Como há uma boa relação entre iluminação natural e horário do dia (e se é inverno ou verão), a legislação que regula essas atividades coloca restrições horárias ao exercício dessas atividades. Assim, em determinadas profissões, se houver necessidade de trabalho depois de certo horário, ele será considerado penoso e o trabalhador terá direito a ganhar um extra para exercê-lo.

Países com grande desenvolvimento geográfico paralelos à linha do Equador (como o Brasil, que tem sua extensão maior próximo ao Equador) teriam dificuldades em adotar o critério horário como definidor de critério de existência de luminosidade natural, pois às 5h da manhã em João Pessoa (extremo leste continental), na Paraíba, já existe muita luz natural, mas ainda está escuro no Acre (extremo oeste).

Esse problema foi resolvido com a utilização, por todos os países, do sistema de fusos horários, ou seja, conforme a extensão territorial do país, este divide-se em fusos horários. O Brasil continental (com exceção de Fernando de Noronha, no Pernambuco, e da Ilha de Trindade, no Espírito Santo) tem três fusos horários, que acompanham por facilidade administrativa a divisão estadual.

Esses fusos horários são:
- fuso horário do litoral e de Brasília;
- fuso horário da Amazônia e dos dois estados do Mato Grosso;
- fuso horário do Acre.

Fora da parte continental, temos:
- fuso horário de Fernando de Noronha.

---

[1] Estádios esportivos (de futebol, tênis) sem iluminação artificial tem que instituir limite de horário do seu uso, pois, principalmente no inverno, haveria problemas de uso sem a iluminação necessária.

Assim, quando em Brasília são 12h, na Amazônia, no Mato Grosso e no Mato Grosso do Sul são 11h, no Acre, são 10h e em Fernando de Noronha, 13h.

A hora oficial do Brasil é a hora do fuso horário de Brasília.

Lembremos:

- No Brasil, o amanhecer ocorre primeiro no litoral nordestino (extremo leste) e o Sol se põe nos estados do Acre e do Amazonas quando é noite no litoral nordestino.

- Quando é "boca da noite" (18h – Ave Maria) no nordeste brasileiro, é dia ainda ensolarado no Amazonas.

O mundo está dividido em 24 fusos horários, que acompanham as divisões internas dos países. Assim, a divisão de fusos horários entre São Paulo e Mato Grosso respeita os limites desses dois estados. No caso do Chile, existe apenas um fuso horário. Para abranger a Ilha de Páscoa, foi criado um "dente" (prolongamento) para que o fuso horário chegasse a esse local.

O tempo de uma rotação da Terra é de 24 horas. Para cada hora, temos um fuso horário e, portanto, um total de 24 fusos horários. Os fusos horários têm como origem o meridiano que passa por Greenwich, local do observatório astronômico na Inglaterra de mesmo nome, o qual determina a hora zero. Essa convenção estipulou que as horas diminuem uma hora por fuso no sentido Oeste (W), antirrotação da Terra, e aumentam uma hora por fuso no sentido Leste (E), sentido da rotação da Terra. A variação é de 12 horas (12 fusos) para W e de 12 horas (12 fusos) para E.

Por exemplo, se em Greenwich for meio-dia (12h), no Japão serão 21h.

Fuso: a esfera tem 360 graus de desenvolvimento. Para uma rotação completa em 24 horas, temos 360 graus/24 = 15 graus. Portanto, se dividirmos o paralelo máximo (Equador) em 24 partes iguais, teremos 24 fusos de 15 graus de longitude definidas por meridianos.

Longitude: o paralelo máximo tem um desenvolvimento (circunferência) aproximado de 40.000 km que, dividido por 24 horas ou fusos, resulta em: 40.000 / 24 = 1.666,66 km.

Ou seja, cada fuso tem aproximadamente 1.666,66 km na linha do Equador.

Relações:
- 1 fuso de 15 graus = 1.666,66 km.
- 1 grau = 111,11 km.
- 1 min = 1,85 km.

É bom lembrar que os meridianos são círculos máximos que passam pelos polos e, portanto, se aproximam até se fundirem em dois pontos, nos polos Norte e Sul, onde ocorre a convergência meridiana.

Veja a seguir o mapa de fusos horários.

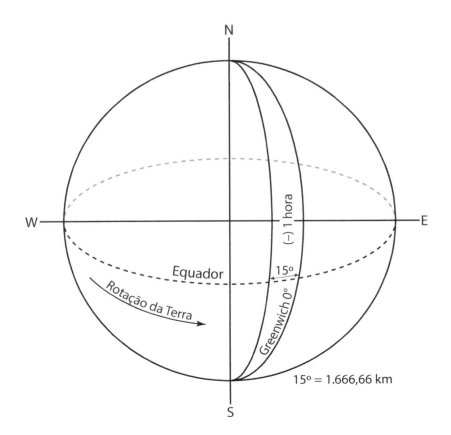

Notas

1. O livro *Manuel de l'explorateur*, escrito pelos autores E. Blim e M. Rollet de L'isle, em sua segunda edição datada de 1911, página 76, item 65, nos informa que "a longitude varia de 0° a 180°, para Leste ou Oeste, a partir do meridiano de Paris".

2. O acordo internacional para adotar o meridiano de Greenwich foi assinado em 1884; porém, como se pode notar, por muitos anos perdurou a disputa entre a Inglaterra e outros países, inclusive a França, para definir qual seria o meridiano inicial.

Exemplo de fusos horários.

34. A declinação e sua influência na determinação do norte magnético e a variação com o norte geográfico (norte verdadeiro)

A declinação magnética é a divergência entre a direção norte-sul verdadeira (que passa pelo centro dos polos) e a direção norte-sul magnética dada por um ponto chamado de polo magnético norte (e o seu correspondente polo magnético sul).

Escrituras de propriedades imobiliárias e outros documentos oficiais citam, e continuarão a citar, a linha norte-sul magnética como referência. Uma escritura de fazenda elaborada nos anos 1930 cita, para definir sua localização geográfica, a linha norte-sul magnética em função da data da medição realizada, quando do levantamento topográfico da área em questão.

Felizmente, temos hoje programas de computador que atualizam esses dados; por isso, as escrituras podem ser renovadas, ajustando e atualizando os limites das fazendas, utilizando, por exemplo, um GPS (*global positioning system*). Em trabalhos de topografia e perícias fundiárias utiliza-se a expressão *aviventação de rumos*.

Nota

Consulte no Capítulo 59 deste livro, os textos sobre aviventação de rumos, onde pode ser obtido um completo entendimento sobre o assunto.

35. Dados geográficos: limites marítimos do Brasil

Limites marítimos do Brasil

- Área emergente (terra firme): 8.511.965 km².
- Mar territorial: 12 milhas náuticas (22,2 km) contadas a partir do início da terra firme.
- Zona marítima econômica exclusiva: 200 milhas náuticas (370 km) medidas a partir da terra firme. Resulta em uma área de mar de 3.539.919 km².
- Extensão da plataforma continental, solicitação do Brasil à ONU: 965.539 km².
- Milha náutica: 1.852 m.

Áreas das unidades da federação

Região	Estado	Área (km²)
Região Norte	Rondônia	243.044
	Acre	152.589
	Amazonas	1.564.445
	Roraima	230.104
	Pará	1.248.042
	Amapá	140.276
	Tocantins	277.321
Região Nordeste	Maranhão	328.663
	Piauí	250.934
	Ceará	148.016
	Rio Grande do Norte	53.015
	Paraíba	56.372
	Pernambuco[1]	98.307
	Alagoas	27.731
	Sergipe	21.994
	Bahia	561.026

(continua)

Áreas das unidades da federação

(continuação)

Região	Estado	Área (km^2)
Região Sudeste	Minas Gerais	587.172
	Espírito Santo[2]	45.597
	Rio de Janeiro	44.268
	São Paulo	247.898
Região Sul	Paraná	199.554
	Santa Catarina	95.985
	Rio Grande do Sul	282.184
Região Centro-Oeste	Mato Grosso	881.001
	Mato Grosso do Sul	350.548
	Goiás	364.770
	Distrito Federal	5.814

Total = 8.511.965 km^2

Definições dos conceitos marítimos do Brasil

Mar territorial: a faixa até 12 milhas da costa é chamada mar territorial, dentro da qual o país tem soberania absoluta sobre recursos e trânsito de embarcações.

"É uma extensão da costa, como se fosse terra", explica o capitão-de-mar-e--guerra Jorge Souza Camillo, coordenador do comitê executivo para o Programa de Mentalidade Marítima (Promar) da Secretaria da CIRM (Secirm).[1]

Zona econômica exclusiva: na ZEE, entre 12 e 200 milhas da costa, o trânsito de embarcações é livre, mas o Brasil é dono de todos os recursos vivos e não vivos da água, do solo e do subsolo; ou seja, o Brasil tem soberania sobre todos os recursos biológicos e minerais da água, do leito e do subsolo marinho. Essa área tem uma extensão de, aproximadamente, 3,5 milhões de km².

Plataforma continental: nas extensões de até 350 milhas (912 mil km²), o país tem direito a tudo o que estiver no solo, no subsolo e sobre as espécies marinhas que vivem no leito marítimo. Trata-se do prolongamento da Plataforma Continental Jurídica Brasileira (PCJB) pleiteada junto à ONU.

Jurisdição marítima: total de 4,4 milhões de km² (com a extensão da PCJB).

Território total brasileiro (terrestre e marítimo): 12,9 milhões de km².

Nota curiosa

O limite territorial de 12,0 milhas tem suas raízes no alcance dos canhões na época do acordo internacional.

---

[1] Referência: *O Estado de SP*, de 27/11/2005, Caderno A30 – Vida.

36. Os sistemas de coordenadas baseados em dados de satélites (GPS e UTM)

Para organizar os dados de um levantamento topográfico, é comum criar uma rede de linhas ortogonais igualmente espaçadas a partir de um marco que tanto pode ser amarrado a uma referência de nível (RN) ou a referências arbitrárias adotando-se valores (x = 100 e y = 500). São as coordenadas topográficas, no caso com RN arbitrária.

Se obtivermos as medidas de pontos significativos de um terreno e as lançarmos nessa rede, poderão ser obtidas as chamadas *coordenadas topográficas*. Quando consideramos a Terra como plana, as medidas x e y são paralelas entre si. As distâncias entre os pontos podem ser medidas com trena manual, eletrônica ou pelo sistema taqueométrico, ou, ainda, utilizando uma estação total.

Outro caminho é considerar a Terra como uma esfera, as linhas que se encontram nos polos (Sistema Universal Transversa de Mercator, UTM) são os meridianos. Nesse caso, precisaremos calcular sua posição utilizando o GPS. É um trabalho mais demorado, mais caro e mais preciso.

Os órgãos federais Instituto Nacional de Colonização e Reforma Agrária (Incra) e o Departamento Nacional de Produção Mineral (DNPM) exigem que os assuntos a serem tratados sigam o sistema UTM.

GPS significa, em inglês, *Global Positioning System* ou, em português, Sistema de Posicionamento Global. Com equipamentos sofisticados e o acesso a satélites (uso público sem restrições), os equipamentos GPS determinam para um e para centenas de pontos:

- longitude de um ponto;
- latitude de um ponto;
- altitude de um ponto;
- outras informações.

Instalado o aparelho de GPS, ele determina, em poucos minutos, todos esses dados do ponto em que está localizado.

O norte geográfico ou verdadeiro somente é obtido com a instalação do GPS em dois pontos intervisíveis. O duplo posicionamento permite o cálculo do rumo ou azimute verdadeiro entre dois pontos e, portanto, do norte verdadeiro.

O sistema de satélites pertence ao governo americano e funciona desde 1995.

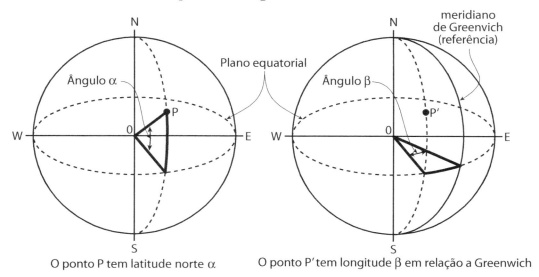

O ponto P tem latitude norte α   O ponto P' tem longitude β em relação a Greenwich

Longitudes de latitudes aproximadas de vários locais		
Cidades	Longitude	Latitude
Boa Vista (Roraima)	61° W	3° N
Belém (Pará)	49° W	1° S
Porto Alegre (Rio Grande do Sul)	51° W	30° S
Greenwich (Londres)	0°	51° N
Estocolmo (Suécia)	17° E	59° N

Referencial geodésico é lei

Foi publicado o Decreto n. 5.334/2005 no Diário Oficial da União, em 07/01/2005, dando nova redação às Instruções Reguladoras das Normas Técnicas da Cartografia Nacional (Decreto n. 89.817, de 20 de junho de 1984).

No dia 25 de fevereiro, com a assinatura, pelo Presidente do IBGE, da resolução n. 1/2005, que tornou o Sistema de Referência Geocêntrico para as Américas (SIRGAS2000) a nova base para o Sistema Geodésico Brasileiro (SGB) e para o Sistema Cartográfico Nacional (SCN).

O SIRGAS2000 permite uma maior precisão no mapeamento do território brasileiro e na demarcação de suas fronteiras. Além disso, a adoção desse sistema pela América Latina tem contribuído para o fim de uma série de problemas originados na discrepância, entre as coordenadas geográficas apresentadas pelo sistema GPS e aquelas encontradas nos mapas utilizados atualmente no continente.

A íntegra do decreto n. 5.334/2005 e da Resolução n. 1/2005, assim como o documento Resolução do Rio de Janeiro sobre a mudança do referencial, podem ser acessados por meio de um link específico no site do IBGE (www.ibge.gov.br). Também estão disponíveis a versão do banco de dados geodésicos e o modelo de ondulação geoidal, ambos trazendo coordenadas nos sistemas SAD69 e, SIRGAS2000.

Projeto de Mudança do Referencial Geodésico (PMRG)

Introdução

A missão do IBGE é retratar o Brasil com informações necessárias ao conhecimento de sua realidade e ao exercício da cidadania. Nesse contexto, o Projeto Mudança do Referencial Geodésico (PMRG) estabelece um marco na história da instituição ao influenciar as atividades de vários segmentos da sociedade brasileira.

Para que o projeto atingisse seus objetivos, foram criados seis grupos de trabalho (GT) – encarregados de desenvolver estudos e pesquisas relacionados à adoção do novo referencial geocêntrico – e firmadas parcerias com diversos segmentos da sociedade, cabendo ao IBGE, por meio da diretoria de geociências, a coordenação geral das atividades.

Objetivos

O PMRG objetivou promover a adoção no país de um novo sistema geodésico de referência, unificado, moderno e de concepção geocêntrica, de modo a compatibilizá-lo às mais modernas tecnologias de posicionamento.

Mudança do referencial geodésico

O PMRG informou que, por meio do Decreto n. 5.334/2005, assinado em 06/01/2005 e publicado em 07/01/2005 no Diário Oficial da União, foi elaborada nova redação do artigo 21 do Decreto n. 89.817, de 20 de junho de 1984, que estabeleceu as instruções reguladoras das normas técnicas da cartografia nacional. Pelo mesmo ato, foi revogado o artigo 22 do referido decreto.

Com a nova redação, ficou definido que os referenciais planimétrico e altimétrico para a cartografia brasileira são aqueles que definem o Sistema Geodésico Brasileiro (SGB), conforme estabelecido pelo IBGE em suas especificações e normas. Dessa forma, foi assinada, em 25/02/2005, a Resolução do Presidente do IBGE n. 1/2005, que estabeleceu o SIRGAS, em sua realização do ano de 2000 (SIRGAS2000), como novo sistema de referência geodésico para SGB e para o SCN. A resolução anteriormente citada também estabeleceu um período de transição a partir da assinatura da resolução e não superior a dez anos, em que o SIRGAS2000 pode ser utilizado em concomitância com o SAD 69 para o SGB e com o SAD 69 e Córrego Alegre[1] para o SCN.

Para maiores informações, acesse o site do IBGE: www.ibge.gov.br.

Notas

1. Na década de 1960, quase houve um conflito entre os estados de Minas Gerais e Espírito Santo, usando as respectivas polícias militares de cada estado, por causa da divergência de limites estaduais. Felizmente, chegou-se a um acordo.

2. Nas décadas de 1960 a 1980, existia um conflito de limites municipais entre as cidades de São Paulo e Osasco. Nos documentos oficiais da cidade de São Paulo, o limite com o outro município era o rio Tietê, e nos documentos da cidade de Osasco, o limite com o município de São Paulo era uma demarcação topográfica e, portanto, uma demarcação virtual. Acontece que o rio Tietê foi canalizado e retificado (para diminuir sua área de inundação), surgindo, então, uma área órfã de definição, da qual uma das prefeituras deveria recolher o lixo (havia também outras obrigações). Depois de muitas reclamações, chegou-se a um acordo sobre os limites de cada cidade, que se estendia à coleta de lixo e à definição do imposto predial, imposto exclusivamente municipal.

3. Entre Santos e São Vicente (ambas as cidades no estado de São Paulo) existiu, por décadas, um trecho sem definição; não se sabia à qual cidade ela pertencia e a obra de pavimentação de uma avenida intermunicipal parava de um lado e do outro, permanecendo um trecho de quase 100 m sem pavimentação. Os autores deste livro não sabem se o assunto de limites já foi resolvido, mas os departamentos de obras viárias dos dois municípios passaram por cima da indefinição e pavimentaram o trecho.

---

[1] Córrego Alegre (Imbituba, SC) é o ponto de referência nacional ou *datum* altimétrico brasileiro.

37. Dados astronômicos do Sol, da Terra e da Lua: fases da Lua, equinócio, solstício

Vamos apresentar algumas pequenas informações sobre esses assuntos.

1. Do Sol: dimensões aproximadas da estrela Sol:
   - diâmetro: 1.391.000 km;
   - tempo aproximado que a luz do Sol leva para chegar à Terra: 8 min.

2. Planeta Terra:
   - diâmetro na linha do Equador: 12.756,27 km;
   - circunferência (perímetro) no Equador: 40.075 km;
   - área total da Terra: 511.280.374 km^2;
   - área dos mares e rios da Terra: 361.044.600 km^2;
   - área seca: 148.905.400 km^2.

O planeta Terra é de formato quase esférico, tendo seu volume sólido e líquido raio médio aproximado de 6.370 km.

O ponto mais alto da Terra é o monte Everest na cordilheira do Himalaia, no Tibete, e tem no seu pico a altitude de 8.882 m; o ponto mais baixo fica no oceano Pacífico com a fossa das Marianas, com a profundidade[1] de 11.034 m.

Nos continentes, um ponto baixo que tem altitude negativa (!!) é o mar Morto, cujo nível de água está a cerca de 400 m abaixo do nível médio dos mares. O mar Morto é um mar interno, alimentado exclusivamente pelo rio Jordão.

Considerando que essas protuberâncias têm um máximo de 11 km, a relação entre o raio médio da Terra e as protuberâncias tem uma relação de:

$$11/6.370 = 0,00173$$

---

[1] Altura negativa em relação ao nível do mar na localidade.

Assim, se fizéssemos um modelo da Terra com 1 m de diâmetro, a maior saliência teria 1,73 mm. Se fizéssemos a representação da Terra do tamanho de uma bola de bilhar, ela seria mais polida que a bola desse jogo.

O volume da Terra é de aproximadamente 1.087.000 km^3, e a área da Terra é de 511.280.374 km^2.

A distância média entre a Terra e o Sol é de 149.600.000 km, e a distância entre a Terra e a Lua é de 384.400 km.

O planeta Terra não é uma esfera perfeita, pois apresenta um achatamento nos polos; por esse motivo, o formato da Terra é chamado de geoide.[2]

No formato esférico, há apenas um raio, no caso da Terra, com 6.370 km. No formato geoide, há um achatamento do raio nos polos, assim R1 < R2.

O achatamento relativo da Terra é da ordem de 1/298,25.

Cálculo do achatamento: 6.370 x 1 / 298,25 = 21,358 km.

Portanto, o valor de R1 será: 6.370 − 21,358 = 6.348,64 km.

Nota curiosa

A velocidade de rotação da Terra no seu equador é de aproximadamente, 1.600 km/hora, muito mais rápido, quase o dobro da velocidade dos modernos aviões civis a jato, que têm sua velocidade de cruzeiro de aproximadamente 850 km/hora. Se você, por exemplo, levantar voo num jato na altura do Equador ao nascer do Sol e viajar em direção a oeste por 12 horas na velocidade de cruzeiro, ao chegar ao seu destino será noite, e você não terá conseguido acompanhar a velocidade de rotação da Terra, pois, se tivesse, você teria chegado ao seu destino ao amanhecer do mesmo dia, e não ao anoitecer.

3. Satélite da Terra: Lua
   - Diâmetro: 3.476 km.
   - Distância média da Terra: 384.400 km.

O raio médio da Lua é de 1.700 km ou, mais precisamente, 3.476 km de diâmetro.

A Lua gira em torno da Terra seguindo uma elipse, sendo que o ponto mais distante é chamado de apogeu e o mais próximo é chamado de perigeu, tendo uma distância média da Terra de 384.400 km.

---
[2] Geoide é o nome que se dá à forma da Terra.

Informações astronômicas

Entenda os termos:

1. Fases da Lua:

A Lua tem quatro formas aparentes aos observadores da Terra:

- Lua minguante: parte da Lua é visível;
- Lua cheia: Lua totalmente visível;
- Lua crescente: parte da Lua é visível;
- Lua nova: Lua totalmente invisível.

A visibilidade de partes da Lua está ligada à posição do observador e à face iluminada pela luz solar, uma vez que a Lua não tem luz própria.

Veja:

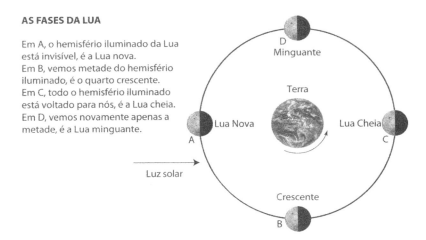

2. Solstício:

Na astronomia, solstício (do latim *sol* + *sistere*, que não se mexe) é o momento em que o Sol, durante seu movimento aparente na esfera celeste, atinge a maior declinação em latitude, medida a partir da linha do Equador. Os solstícios ocorrem duas vezes por ano, em dezembro e em junho.

O dia e a hora exatos variam de um ano para outro. Quando ocorre no verão, significa que a duração do dia é a mais longa do ano. Analogamente, quando ocorre no inverno, significa que a duração da noite é a mais longa do ano.

No hemisfério norte, o solstício de verão ocorre por volta do dia 21 de junho, e o solstício de inverno, por volta do dia 21 de dezembro. Essas datas marcam o início das respectivas estações do ano nesse hemisfério.

No hemisfério sul, o fenômeno é simétrico: o solstício de verão ocorre em dezembro e o solstício de inverno ocorre em junho. Os momentos exatos dos solstícios, que também marcam as mudanças de estação, são obtidos por cálculos de astronomia.

3. Equinócio

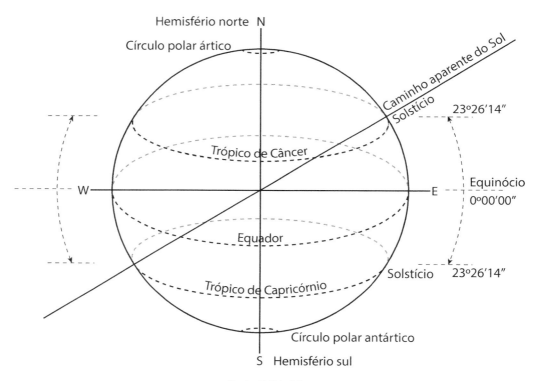

Fonte: Wikipédia.

Na astronomia, equinócio é definido como o instante em que o Sol, em sua órbita aparente (como vista da Terra), cruza o plano do equador celeste (a linha do Equador terrestre projetada na esfera celeste). Mais precisamente, é o ponto onde a eclíptica cruza o equador celeste.

A palavra *equinócio* vem do latim, *aequus* (igual) e *nox* (noite), e significa "noites iguais", ocasião em que o dia e a noite têm o mesmo tempo. Ao medir a duração do dia, considera-se que o nascer do Sol (alvorada ou dilúculo) é o instante em que metade do círculo solar está acima do horizonte e o pôr do Sol (crepúsculo ou ocaso), o instante em que o círculo solar se encontra metade abaixo do horizonte. Com essa definição, o dia e a noite durante os equinócios têm igualmente 12 horas de duração.

Os equinócios ocorrem nos meses de março e setembro e definem as mudanças de estação. No hemisfério norte, a primavera inicia em março e o outono, em setembro. No hemisfério sul, é o contrário: a primavera inicia em setembro e o outono, em março.

38. Linhas geográficas: linha do Equador, meridianos, trópicos, latitude e longitude, meridiano de Greenwich, coordenadas geográficas e formato da Terra

Sabendo, ou desconfiado, que a Terra fosse curva, o sábio de cultura grega Erastóstenes esperou (previu) o momento do dia em que o obelisco da cidade de Assuã (hoje no Egito) não teria sombra. Quando isso aconteceu, os raios solares estavam a pino, ou seja, a direção dos raios solares era paralela à geratriz do obelisco.

Ao mesmo tempo, em Alexandria, um discípulo do geômetra media, numa construção semelhante ao obelisco, o ângulo que o Sol fazia com a geratriz dessa construção, tendo obtido 7° 1/5 ou seja, 7,2°. Mediu-se, então, a distância (com as unidades da época) entre Assuã e Alexandria, que é de cerca de 789 km.[1] Por semelhança de ângulos, pode-se calcular o perímetro máximo (P) da Terra:

$$360° \to 7,2°$$

$$P \to 789 \text{ km}$$

$$P = 360° \times 789/7,2 = 39.450 \text{ km}$$

---

[1] Na época, a unidade de medida de distância era outra, o côvado com aproximadamente 60 cm. Vamos, por razões didáticas, utilizar o sistema métrico; a unidade para grandes distâncias é o quilômetro (1.000 m).

198   ABC da topografia

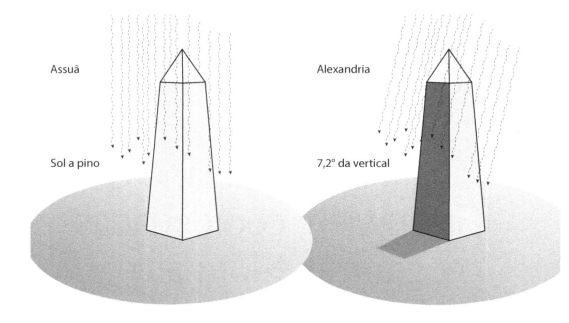

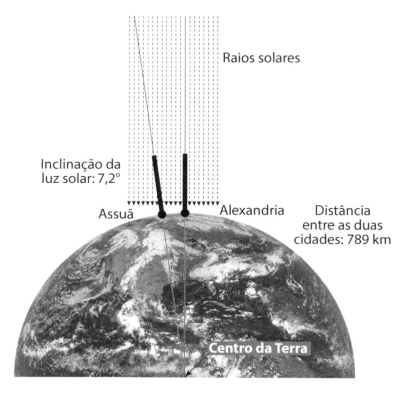

Notas

1. Usamos os conceitos de metro, graus etc. Erastóstenes usou outros sistemas de unidades de medida, mas que atenderam à medida desejada.

2. Se tudo o que falamos de Erastóstenes está certo, Erastóstenes já sabia da esfericidade da Terra na antiguidade. Essa situação sofreu cabal demonstração por Galileu Galilei, usando toscos telescópios, verificando através deles que todos os outros planetas e seus satélites eram de forma esférica.

3. Dizem os estudiosos religiosos da Bíblia que a esfericidade da Terra já era conhecida antes de Cristo. Veja-se Isaías, 40:22:

    - "Aquele que está sentado sobre o globo da Terra" – Edições Paulinas, 1967.
    - "Ele é o que está assentado sobre o círculo da Terra" – Edição Alfalit, 2002.

Definições:

A *linha do Equador* é a circunferência máxima que passa pelo centro do globo terrestre.

Meridianos são círculos cujos planos passam pelos polos (N e S) da Terra. Todos os meridianos têm o mesmo comprimento. O meridiano mais famoso é o meridiano de Greenwich, que passa por um observatório perto de Londres.

Trópicos são círculos paralelos à linha do Equador com menor comprimento. Temos quatro trópicos definidos como principais:

- trópico de Capricórnio, que cruza próximo da cidade de São Paulo no Hemisfério Sul;
- trópico de Câncer, no hemisfério norte;
- círculo polar antártico;
- círculo polar ártico.

Caro leitor

Um ponto estará totalmente definido se conhecermos a sua latitude e a sua longitude.

Abra um mapa geográfico e localize as coordenadas de sua cidade.

Para se localizar pontos sobre o globo terrestre, o ser humano criou, por convenção (acordo), os meridianos e os paralelos, linhas imaginárias, que cortam a representação do planeta Terra.

Meridianos são planos ortogonais à superfície da Terra que passam pelos polos, tendo todos o mesmo comprimento. Paralelos são planos (círculos) paralelos à linha do Equador, que é chamado de *círculo máximo*.

Temos, então:

- círculo polar ártico;
- trópico de Câncer (paralelo norte a 23 graus, 26 minutos e 14 segundos);
- linha do Equador;
- trópico de Capricórnio (paralelo sul a 23 graus, 26 minutos e 14 segundos);
- círculo polar antártico.

Existe um meridiano especial por convenção, que é o meridiano de Greenwich, que passa perto de Londres. Por ele, temos a hora zero como referência (*Greenwich Meridian Time* – GMT – Hora padrão de Greenwich), hora zero padrão.

Em comunicações internacionais de aviação ou marítimas, a hora que se dá é a hora GMT de total compreensão e aceitação.

Chamamos de latitude de um ponto na superfície da Terra o ângulo (arco) formado entre o centro da Terra e o Equador. Acima da linha do Equador, temos as latitudes nortes, e abaixo, as latitudes sul.

Chamamos de longitude de um ponto na superfície da Terra o ângulo (arco) formado entre o centro da Terra e o meridiano de Greenwich, variando para leste e para oeste.

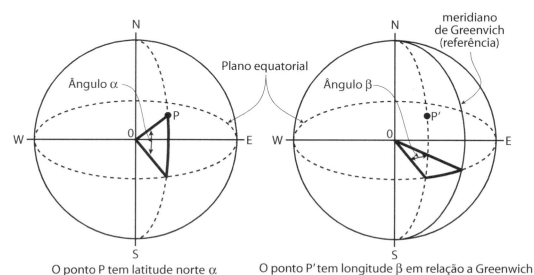

O ponto P tem latitude norte α   O ponto P' tem longitude β em relação a Greenwich

O trópico de Capricórnio (hemisfério sul) tem latitude de 23,4378 (23 graus, 26 minutos e 14 segundos) Sul e o trópico de Câncer (hemisfério norte) tem o mesmo valor, mas código Norte.

Os trópicos são definidos pelo limite dos solstícios em função da inclinação do eixo da Terra.

Caro leitor, sugerimos que coloque a seguir os dados da sua cidade:

Cidade.. Estado..........

Latitude..................................

Longitude..............................

Notas curiosas

1. O uso do conceito latitude que exige apenas o estudo das estrelas é bem anterior ao uso do conceito de longitude, pois este exige o conhecimento da hora local e relógios precisos, que foram inventados somente depois da Idade Média.

2. Existe, por convenção internacional, uma linha imaginária no oceano Pacífico a leste da Nova Zelândia; esta é adotada como linha de mudança de data. Trata-se do meridiano de Greenwich (Londres, Inglaterra).

39. Interpretando mapas: formas de representação, a cartografia, as várias projeções

Sugere-se ler este capítulo tendo, ao lado, mapas.

O planeta Terra é de formato esférico, mas o modo mais prático de representar o planeta e suas partes é em projeção plana, utilizando, para isso, projeções em folhas de papel. Assim, dados esféricos são projetados em áreas planas. Claro que isso gera deformações que o usuário deve saber interpretar em função do tipo de "projeção" adotada para a elaboração do mapa com a finalidade específica. Por exemplo:

- validade da distância entre dois pontos;
- validade da direção entre dois pontos;
- validade das formas dos continentes, países ou regiões;
- validade das áreas de continentes, países ou regiões;
- outras especificações.

Para isso, o homem inventou os mapas, que procuram fornecer dados úteis usando o conceito de *escalas* e tentando representar, em planos, o que está sobre uma superfície esférica.

Temos vários tipos de mapas: uns indicando a geografia (rios, montanhas, mares outros acidentes), outros indicando a divisão política (países, estados) e outros, bem temáticos (tipo de vegetação, concentração demográfica).

Vejamos os mapas gerais e suas relações com a escala.

A escala é a relação entre uma distância no mapa (papel) e a distância real.

- Mapa geográfico: usando a escala 1 cm = 50 km, por exemplo.
- Mapa orográfico:[1] usando a escala 1 cm = 5 km, por exemplo.
- Carta topográfica: usando a escala 1 cm = 200 m, por exemplo.
- Planta cadastral: usando a escala 1 cm = 50 m, por exemplo.

Existem ainda os "mapas visiográficos" ou mapas turísticos, que procuram dar informações de locais turísticos.

Por vezes, a escala é dada na forma numérica do tipo 1:25.000, significando que 1 cm do papel vale 25.000 cm na realidade, ou seja, vale 250 m.

A fórmula geral das escalas é:

$E = (1/10 \, x)$, diz-se que uma escala é tanto *maior* quanto *menor* for o numerador.

Por exemplo, uma escala de uma rede urbana de esgoto é feita na escala 1:2.000, e uma planta (mapa escolar) do Brasil é feita na escala 1:40.000.000. Ou seja, a escala da rede de esgotos é maior que a escala de representação de mapa escolar do Brasil.

Quando se usa a escala gráfica indicando, por exemplo, que 1 cm do desenho representa uma medida gráfica, há uma vantagem: se o desenho for reduzido, a escala aumentará e as medidas poderão continuar a ser feitas. Veja a imagem a seguir:

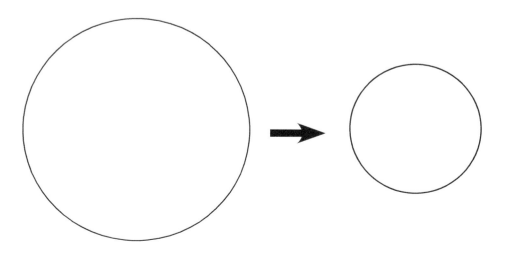

Desenho em escala 1:1.000   Desenho em escala 1:2.000

---

[1] Mapa orográfico ou topológico: representa o relevo terrestre, especificidade da Geografia.

Se ampliarmos ou reduzirmos esse desenho, a escala numérica irá variar, mas a escala gráfica permanecerá, não será alterada.

Outro aspecto a considerar nos mapas é o tipo de projeção usada, ou seja, a técnica nunca perfeita e sempre imperfeita de tentar representar uma superfície curva com uma superfície plana.

A projeção de Mercator (cartógrafo belga do século XVI) é a mais usada, embora existam outros tipos de projeção, como:

- sistema de Eckert;
- sistema de Hammer-Aitoff ou de Mollweide;
- outras que atendam a demandas específicas.

O sistema de projeção de Mercator ou UTM é o mais usado, mas gera deformações inerentes à transposição de algo curvo para o plano. Idem para outros sistemas.

Como exemplo dessas deformações, usando a projeção de Mercator (veja em um mapa-múndi), a Groenlândia parece ser do tamanho do Brasil, quando, na verdade, ela tem um quarto da área do nosso país. Isso é típico dos mapas com um meridiano central na linha do Equador e outro meridiano central passando pelo meridiano de Greenwich, o que faz com que a Groenlândia fique em um extremo do mapa. Essa posição extrema é que gera a deformação em termos de medidas. Assim, a área da Groenlândia é de, aproximadamente, 2.400.000 km^2, e a área do Brasil é 8.540.000 km^2.

Outro exemplo de escalas:

- Mapa-múndi: 1:128.000.000.
- Mapa do Brasil: 1:222.000.

A escala do mapa do Brasil é maior que a escala do mapa-múndi para permitir que ambos os mapas caibam em relatórios de tamanho A4 ou próximo dessa dimensão.

A ciência dos mapas chama-se cartografia, e nosso continente, América, tem seu nome ligado a um cartógrafo de nome Américo Vespúcio.

A interpretação dos mapas exige uma interpretação crítica. Por exemplo, a largura dos rios e alguns outros dados não obedecem à escala desse mapa. Já o comprimento dos rios segue aproximadamente as escalas indicadas.

Curiosidades

1. O meridiano de zero grau, que serve de referência para longitudes e para o conceito de hora internacional (usada por aviões de voos internacionais) é a hora GMT (*Greenwich Meridian Time*, ou seja, hora do meridiano de Greenwich). A hora no mundo é definida por convenção internacional pelo meridiano de Greenwich, que passa por um observatório em uma localidade próxima de Londres e de nome Greenwich.

2. A Europa é uma área situada na extremidade norte e bem longe da linha do Equador. Só para se ter uma ideia de como a Europa é longe da linha do Equador, Lisboa é a capital europeia mais próxima dela, ou seja, com a menor latitude norte. A cidade sul-americana com uma latitude sul igual numericamente à latitude norte de Lisboa é Buenos Aires (um pouco mais ao sul).

3. Existe o continente antártico (terra firme embaixo da camada de gelo). Não existe o mesmo na região ártica. Um submarino nuclear já atravessou todo o Ártico, ou seja, a Região do Polo Ártico. Se esse submarino tentasse, por absurdo, atravessar debaixo de água o Polo Antártico, rapidamente encalharia.

4. Mapa de Piri Reis: almirante e cartógrafo otomano,[2] elaborou, em 1513, uma carta com relativa precisão, mostrando as costas europeia e africana (mar Mediterrâneo), exibindo também o litoral do Brasil, América do Sul, e várias ilhas do Atlântico, mostrando, ainda, o litoral do continente antártico sob o manto da calota de gelo. O continente antártico ainda não tinha sido descoberto. Fragmentos desse mapa encontram-se no Museu de Istambul, Turquia.

A seguir, mostramos exemplos de mapas com projeções diferentes:

É interessante acompanhar nessas projeções a área da Groenlândia.

No caso dessa região, as informações da projeção Eckert são as mais corretas.

---

[2] Turco.

Interpretando mapas: formas de representação, a cartografia, as várias projeções

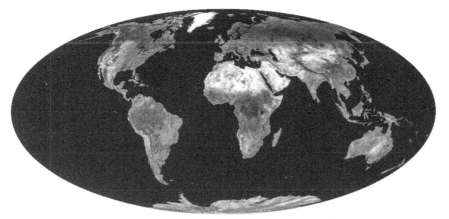
Mapa-múndi, projeção de Mollweide ou de Aitoff.

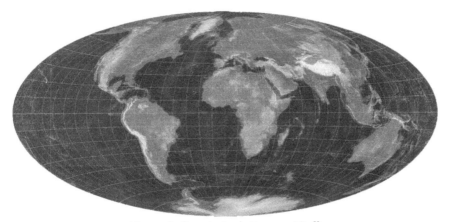
Mapa-múndi, projeção de Hammer-Aitoff.

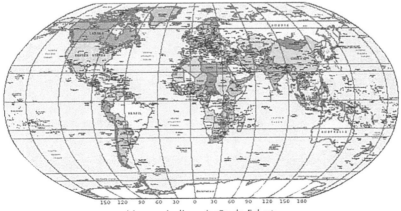
Mapa-múndi, projeção de Eckert.

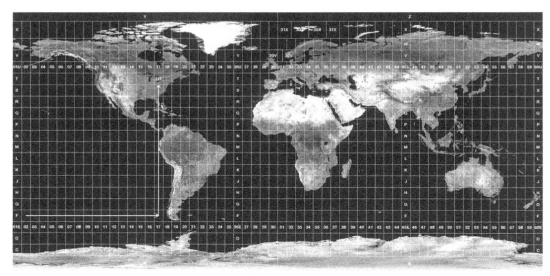

Mapa-múndi, projeção de Mercator.

Uma das projeções mais utilizadas na cartografia de mapas

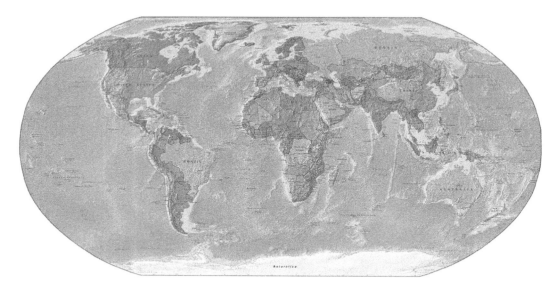

Projeção da esfera da Terra em um plano. Mapa-múndi.

Fonte: https://upload.wikimedia.org/wikipedia/commons/2/23/Hammer-Aitov_Projection.jpg

40. O mar, as marés, seus níveis de água e a topografia

O mar tem seu nível de água influenciado por:
- marés;
- ventos;
- formas das bacias onde o vento sopra;
- outros fatores.

As marés ocorrem devido às atrações gravitacionais do Sol e da Lua nas águas do mar. As marés são previsíveis, tanto que se publicam tabelas de alturas das marés previstas. Este capítulo apresenta uma tábua de previsão de marés na cidade de Santos, em São Paulo.

As chamadas *marés de sizígias* são as marés máximas, fruto da ação conjunta e aditivas da atração do Sol e da Lua. O oposto de marés de sizígias são as *marés mortas*.

No Brasil, por exemplo, um dos locais com grandes alternâncias entre as marés é a cidade de São Luís, capital do Maranhão.

Uma das maiores alternâncias do mundo entre as marés ocorre na localidade de Fundy, no Canadá, com variação de até 12,5 m. A variação da maré na cidade do Rio de Janeiro é de 1,50 m.

O vento pode alterar a previsão das alturas das marés, pois, ao soprar em uma baía, pode acontecer um represamento de água. Esse fenômeno da natureza não acontece em praias abertas.

Para medir os níveis dos mares, usamos os marégrafos,[1] que são instrumentos contendo relógios e réguas de medida do nível do mar, possibilitando, ainda, a

---

[1] Limnígrafos ou marégrafos são aparelhos que medem e registram níveis do mar ou de um corpo de água em um determinado ponto selecionado.

gravação das oscilações diária, semanal, mensal e anual do nível do mar no local, gerando um registro fiel dessas variações e possibilitando estudos precisos.

O marégrafo brasileiro de referência ou padrão para o nível do mar é o de Imbituba, em Santa Catarina, e dele, por altimetria de precisão, pode-se transportar a altitude do nível médio do mar para todo o país.

A periodicidade das marés é de 12 horas.

Entenda:

- maré de preamar: nível máximo de uma maré na cheia devido à Lua nova ou cheia;
- maré de baixa mar: nível mínimo de maré baixa ou maré vazante;
- maré de quadratura: maré de pequena amplitude e que ocorre durante o quarto crescente ou o quarto minguante da Lua.

Nota curiosa

Existem os denominados *mares internos*, que têm seu nível de água inferior ao nível médio dos mares. Um exemplo é o mar Morto, em Israel, com um desnível de, aproximadamente, 418 m em relação ao nível do mar Mediterrâneo. O mar Morto só tem um contribuinte, que é o rio Jordão. O mar Morto tem enorme salinidade, pois seu volume de água está em processo de redução progressivamente ao longo dos anos, acumulando, com isso, o teor de sais.

Nota

Separando os níveis de água de marés e de ondas num porto marítimo, uma aula do saudoso professor Carlito Flavio Pimenta.

O professor Carlito Flávio Pimenta, engenheiro hidráulico e fundador do laboratório de hidráulica da Universidade de São Paulo, coordenou (1960 a 1965) o estudo da melhoria funcional do canal de São Sebastião em frente à cidade de São Sebastião, São Paulo, importante porto onde atracam superpetroleiros. Foi necessário estudar hidraulicamente esse canal para possibilitar seu uso por esses superpetroleiros que exigem calados (profundidade marítima livre) maiores.

Para orientar esse estudo, uma das primeiras providências foi medir as marés usando limnígrafos, que são instrumentos que medem e registram níveis de água, e, portanto, a variação desses níveis de água em decorrência da influência das marés. Mas havia a perturbação no registro dos níveis de água do mar causada pelo fenômeno "ondas". Foi então necessário separar as medidas de marés das influências das ondas nos níveis das águas das marés.

A solução encontrada pelo professor Pimenta, como bom engenheiro hidráulico que era, foi envolver a boia do limnígrafo em uma caixa porosa, mas com baixa permeabilidade. Com esse aparelho devidamente protegido, os níveis das ondas, por serem de duração muito rápida, não conseguiam alterar a medida do aparelho, mas, as marés, como são duradouras, penetravam na caixa. Desse modo, seus níveis eram detectados nos limnígrafos, permitindo a correta medição dos níveis das marés sem a influência das ondas.

Há que se usar a criatividade sempre, e em topografia também.

Veja a figura a seguir:

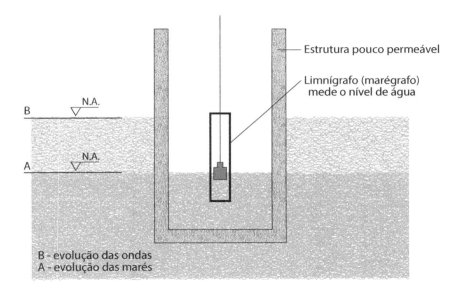

Notas

1. A estrutura impede que o nível da água das ondas seja registrado.
2. Nível A: nível causado pela maré. É o que interessa medir.
3. Nível B: nível causado pelas ondas. Não interessa medir.

Exemplo de tábua de marés:

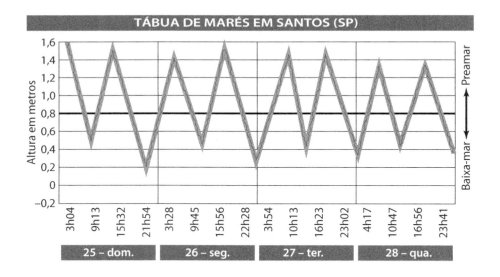

C INFORMAÇÕES COMPLEMENTARES DE TOPOGRAFIA

41. Notas simplificadas sobre estradas

As rodovias do Brasil dividem-se em:
- estradas federais: código BR (p. ex., BR 101: Rio de Janeiro – Bahia; BR 116: via Dutra – São Paulo – Rio de Janeiro);
- estradas estaduais: código relativo à sigla do estado (p. ex., SP 330 – via Anhanguera, São Paulo/SP);
- estradas municipais: somente dentro de um município;
- As estradas municipais podem ter uma classificação especial.

São denominadas *estradas vicinais* (licitadas pelo Governo do Estado) as que atendem somente a um mínimo de exigências em termos de:
- largura do leito carroçável;
- declividades longitudinais e transversais;
- raios das curvas;
- pavimentação (ou falta de pavimentação);
- existência, ou não, de acostamentos.

Normalmente, as estradas vicinais, pavimentadas ou não, atendem à zona rural de um município ou atendem à ligação de dois pequenos municípios contíguos.

No passado, a ideia do traçado de uma estrada era ligar duas cidades ou dois lugarejos. Todas as nossas velhas estradas atendiam a essa filosofia. A estrada Rio-São Paulo, aberta nos anos 1930, foi aberta com essa filosofia. Os projetos das estradas procuravam o centro das cidades, e as cruzavam, propiciando a visão da igreja matriz.

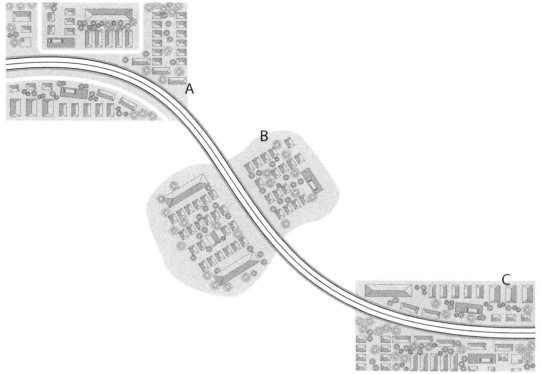

A estrada cruzava a área urbana no seu centro (A, B e C são cidades).

Na década de 1950, o traçado de novas rodovias procurava as cidades, mas sem que o viajante tivesse que atravessar a cidade.[1] As estradas passavam longe dos centros, apenas margeando as cidades. No traçado da via Dutra, no trecho de São Paulo, isso pode ser visto na passagem dessa rodovia pela cidade de Jacareí, que apenas é vista, sem dela se aproximar (na época da construção). Já na cidade de São Jose dos Campos, no estado de São Paulo, embora, no passado, a estrada passasse longe da cidade, o crescimento urbano envolveu a estrada.

Na década de 1960, com o traçado, por exemplo, da rodovia Castelo Branco, que liga a cidade de São Paulo com o interior do estado, no seu trecho oeste, a estrada literalmente "foge" do centro das cidades, criando, para acesso a elas, um trecho de ligação independente.

---

[1] No ano de 2016, o traçado da rodovia BR 101: Rio de Janeiro – Santos ainda cruza o centro da cidade de Caraguatatuba, causando vários problemas de trânsito e urbanização.

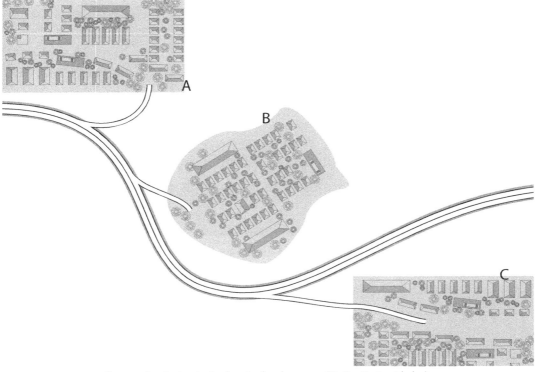

Concepção atual: criação de estradas de acesso (A, B e C são cidades).

De todas as obras de engenharia, o projeto e a construção de estradas são as que mais usam a topografia, pois:

- seus traçados abrangem grandes áreas;
- exigem pesadas e complexas atividades de desapropriação que são definidas pelas diretrizes do projeto, que envolve vários profissionais de diversas áreas, inclusive agrimensores;
- na execução da obra, o agrimensor, por exemplo, loca o eixo, define a largura de faixa, levanta as várias interferências, levanta áreas a serem desapropriadas e cadastra benfeitorias;
- exige engenharia de movimento de terras para definir o traçado.

As etapas de projeto de uma estrada são:

- reconhecimento do local;
- exploração do local;
- levantamento de dados topográficos, sondagens geotécnicas, estudos de meio ambiente, consulta e estudos jurídicos, consulta a documentos de propriedade imobiliária etc.;

- projeto;
- locação.

Os aspectos de pesquisa do subsolo e o estudo do destino de águas pluviais são decisivos para essa obra (estrada), que muito utiliza a maneabilidade do solo.

As obras de edificações ou aproveitamentos agrícolas aceitarão o solo como ele estiver, procurando executar poucas alterações. As obras estradais modificam por completo o formato da superfície do terreno com cortes, aterros, obras de destinação pluvial, impermeabilização de superfícies etc.

Seguramente, a construção de estradas é o tipo de obra que mais precisa usar a topografia.

Disse um filósofo da engenharia:

– Para elaborar um bom projeto de estradas, você necessita, inicialmente, de três itens fundamentais e decisivos:

1. um correto levantamento topográfico;
2. um bom projeto de drenagem pluvial;
3. dados de mecânica dos solos.

Limites de rampas

Declividade, índice de rampa, inclinação etc. são sinônimos de conceito de tangente de trigonometria, que é:

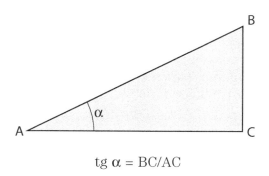

tg α = BC/AC

A razão do uso do conceito de tangente, medida da trigonometria, é que os conceitos sen α = BC/AB e cos α = AC/AB utilizam a medida AB que, quando obtida no campo, sempre sofre a influência da gravidade terrestre. A medida tg α = BC/AC utiliza as medidas BC e AC, que não são influenciadas pela ação da gravidade.

Nota

Existem valores-limite para rampas que estão indicadas na tabela a seguir:

Construção de rampas	tg α máx.	BC/AC
De pessoas (1:8)	< 12,25%	< 0,1225
De pessoas (1:10)	< 10%	< 0,10
De pessoas (1:12)	< 12%	< 0,12
De pessoas (1:16)	< 16%	< 0,16
De pessoas (1:20)	< 20%	< 0,20
De estradas de ferro	< 1 %	< 0,01
Para carros	< 12%	< 0,12

Nota curiosa

Por causa do baixo atrito nas estradas de ferro (aço das rodas com o aço dos trilhos), seus projetos são obrigados a ter baixa declividade.

A estrada de ferro Santos a Jundiaí teve em sua implantação o uso de cabos de aço para o acionamento dos trens no trecho serrano (Serra do Mar). Hoje (em 2018), essa estrada usa o sistema de cremalheira (igual à linha férrea turística de acesso ao Morro do Corcovado, Rio de Janeiro), ou seja, uma ligação de uma roda especial do trem com engastes com uma estrutura metálica engastada no chão.

Numeração de estradas no estado de São Paulo

1. Toda rodovia estadual tem a sigla SP.
2. Toda rodovia radial tem número par.
3. Ao transitar por uma rodovia codificada com o número PAR, o veículo estará se afastando ou se aproximando da capital.

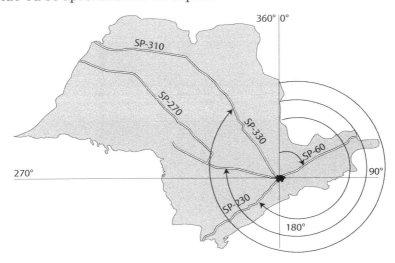

4. Neste caso, vale o conceito de angular de azimute.
5. Toda rodovia transversal no estado de São Paulo tem número ímpar.
6. Na rodovia codificada com número ÍMPAR, o veículo estará circundando a capital a uma distância, aproximada em quilômetros, igual ao próprio número da rodovia.

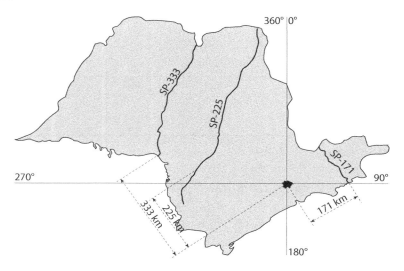

7. Em caso de acesso, as cidades são identificadas pelo número do quilômetro, separado por barra do número da rodovia que lhe dá origem.

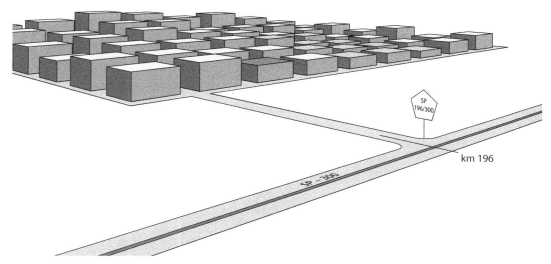

8. Ao olhar-se o código de acesso, veem-se dois números separados por uma barra. O número da esquerda indica o quilômetro do acesso; o da direita indica a rodovia que lhe dá origem. Por exemplo: SP 196/300, indica o acesso da SP 300 à cidade de Conchas.

Sinalização sonora

Pequenos obstáculos implantados no piso do pavimento, nas proximidades dos pedágios, cruzamentos importantes, escolas etc. Quando em contato com os pneus dos veículos, emitem um ruído alertando para a necessidade de redução de velocidade.

Nota de comunicação visual e topografia

Para bem sinalizar uma estrada, temos que mostrar com clareza suas características, como nome, número de identificação, velocidade máxima, atenção a curvas chegando etc. Tais informações devem ser fornecidas antecipadamente para a devida compreensão do motorista.

Usam-se cores para isso, sendo que as cores que fornecem maior contraste à distância são o preto e o amarelo, ou seja, letras pretas sobre fundo amarelo. As cores pretas e amarelas são as chamadas *cores rodoviárias*, pelo contraste visual que propiciam.

222   ABC da topografia

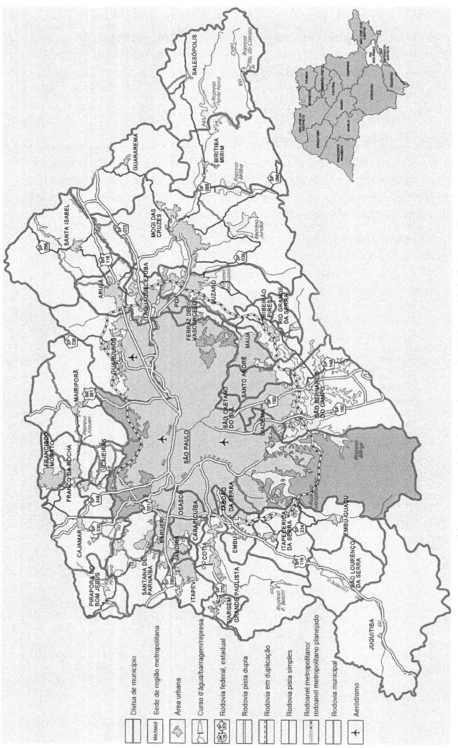

Mapa com as principais estradas que têm início na cidade de São Paulo.
<http://www.sp-turismo.com/grandesp.htm>

42. Normas de levantamentos topográficos da ABNT e outras normas

A Associação Brasileira de Normas Técnicas (ABNT),[1] principal órgão particular brasileiro de normas técnicas, possui as seguintes normas referentes ao tema topografia:

- NBR 13.133/1996: Execução de levantamento topográfico;
- NBR 14.166/1998: Rede de referência cadastral;
- NBR 14.645: 1 – Elaboração do "como construído" (*as built*) para edificações – Parte 1. Levantamento planialtimétrico e cadastral, de imóvel urbanizado com área até 25.000 m^2, para fins de estudos e projetos e edificação – Procedimentos;
- NBR 15.309/2005: Locação topográfica e acompanhamento dimensional de obra metroviária e assemelhada – Procedimento;

A Lei federal n. 8.078, em seu artigo n. 39, referente ao Código de Defesa do Consumidor, estabelece com extrema clareza:

"Na falta de normas oficiais, as normas da ABNT são de seguimento obrigatório." São leis, portanto.

Segundo o site da empresa Esteio Engenharia e Aerolevantamentos, existem, na Petrobrás (Petróleo Brasileiro S.A.), as seguintes normas internas:

- N 38:1: execução de desenho técnico;
- N 2.624: implantação de faixas de dutos;
- N 1.041: cadastramento de imóveis em levantamento topográfico;
- N 47: levantamento topográfico;

---

[1] A ABNT é uma entidade não pública (particular), mas suas normas são aceitas em geral e pelo código de defesa do consumidor. Ver: www.abnt.org.br.

- T 34 710: convenções cartográficas (DSG);
- N 1672: formulários para documentos técnicos em geral.

Normas técnicas reúnem muitas informações e recomendações. São documentos e, portanto, de alta valia para consulta e seguimento.

Ver: <www.abnt.org.br> e <www.abntcatalogo.com.br>.

Por tudo isso, só nos cabe orientar: adquira e siga as normas da ABNT no que lhe couber.

43. Locação topográfica com precisão para equipamentos industriais

Há situações em que é necessário instalar com precisão certos equipamentos, e, para que isso aconteça, precisamos locá-los topograficamente com muita precisão.

Alguns cuidados devem ser tomados:

- nesses casos, nunca usar taqueometria,[1] ou seja, distâncias e alturas devem ser medidas diretamente;
- utilizar trena de aço de qualidade;
- utilizar teodolitos com a precisão necessária;
- fazer medidas vante e ré (ida e volta) para não permitir a ocorrência de erros;
- como toda a medida tem erros, dividir esses erros por algum critério aceitável;
- verificar erros de fechamento e verificar se eles são aceitáveis de acordo com as normas e com o contrato de trabalho;
- utilizar marcos e outros pontos de referência de qualidade e de difícil destruição ou confusão.

Nota curiosa histórica e topográfica

No passado, marcos nas cidades do interior eram sempre instalados em dois locais sagrados:

- na praça, em frente à igreja católica, matriz da cidade;

---

[1] Como já visto, a taqueometria utiliza medidas indiretas de mais rápida obtenção e menor precisão. Em agronomia, ela é suficiente. Para levantamentos em áreas urbanas, por exemplo, a localização de uma boca de lobo pluvial pode ser levantada por taqueometria. Em locação cuidadosa de equipamentos ela não é recomendável.

- no salão de entrada da estação ferroviária; por vezes, essa medida era colocada numa placa e com letras enormes, e era motivo de orgulho da cidade.

44. Acompanhamento topográfico de um possível recalque em um prédio existente há décadas, em razão da execução de uma obra pública com rebaixamento do nível de água

Veja os resultados desse acompanhamento topográfico.

Um dos autores deste livro foi chamado pelo síndico de um prédio de escritórios com dezoito andares e construído na década de 1960 para fornecer um parecer sobre determinado problema no prédio.

O prédio tinha fundações em sapatas. Estava prevista a construção, pela prefeitura, nos próximos meses, de uma grande galeria de águas pluviais, que poderia drenar a água do terreno. Com isso, as fundações do prédio poderiam recalcar (afundar) com sérios problemas, sendo um deles o referente a esforços de acomodação da estrutura que poderiam gerar trincas na alvenaria e, em casos sérios, problemas nos elevadores (em casos mais extremos, pode acontecer a ruína total da edificação).

Vejamos a seguir o método usado pelo autor contratado.[1]

O topógrafo foi chamado antes do início das obras da galeria, mandou instalar pontos na estrutura do prédio, além de usar, como referência, pontos característicos

---

[1] Não execute o trabalho e nem dê opiniões de responsabilidade se você não tiver sido previamente contratado (e por escrito).

(vértices de janelas escolhidas). Depois, marcou nas imediações do prédio cinco pontos de referência de difícil remoção ou vandalismo, hipótese muito comum de acontecer, infelizmente.

Foram levantadas as cotas desses pontos característicos antes da construção da galeria pluvial e todos os dados levantados topograficamente foram registrados em um documento, que foi registrado em um cartório de registro de documentos.

Felizmente, terminada a obra, os levantamentos foram refeitos, confirmando que nada aconteceu com a estrutura do prédio após a instalação da galeria de águas pluviais. Passados dois anos, o levantamento foi refeito e nada de preocupante foi detectado. Como curiosidade, esse prédio de dezoito andares e estrutura de concreto armado oscilava durante o dia. Isso é normal face à ocorrência de ventos.

45. O confuso conceito de norte de projeto: use a expressão alternativa "direção principal de projeto"

Em algumas grandes indústrias ou empreendimentos pode existir o conceito de "norte de projeto", que nada tem a ver com o norte geográfico ou com o norte magnético.

A explicação da "infeliz denominação" de "norte de projeto" é a seguinte: dada uma área virgem a ser ocupada (gleba A), dependendo do formato e topografia dessa área, é interessante dotar os futuros prédios com um formato e uma disposição que guarde um paralelismo, facilitando, assim, o traçado viário e proporcionando um mais eficiente aproveitamento da área. Veja a figura a seguir:

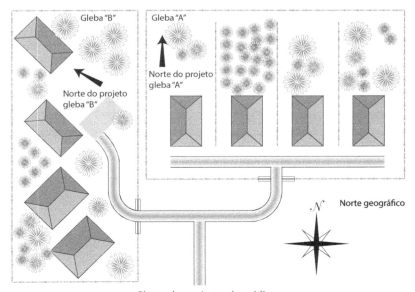

Planta do conjunto de prédios.

Na gleba A, as edificações estão orientadas para o norte verdadeiro ou o norte magnético.

Na gleba B, as edificações estão orientadas segundo uma direção definida ao projeto, com a direção de orientação do sentido predominante das dimensões das edificações, independente do sentido norte-sul.

Fica claro que existe uma direção principal dada pelo paralelismo das faces externas dos prédios projetados. Esse paralelismo é o "norte de projeto", expressão infeliz, pois o usuário pode não compreender a informação. Uma melhor expressão seria "direção principal de projeto".

Pode acontecer que usando a gleba (gleba B) citada, a indústria nessa nova gleba utilize uma nova e independente direção principal de projeto.

Dizemos aos jovens profissionais projetistas que as construções habitacionais devem prever adequado conforto térmico ao local da construção. Se a região da construção for, na maior parte do tempo, quente, sempre que possível os quartos e as áreas de convivência devem ter suas janelas direcionadas para o Sol nascente (E), locais em que a temperatura deverá estar mais amena no período matutino. Em caso contrário, quando a região é fria na maior parte do tempo, os quartos e as áreas de convivência devem ter suas janelas dirigidas para o poente (W), para que estejam aquecidas quando da sua maior utilização.

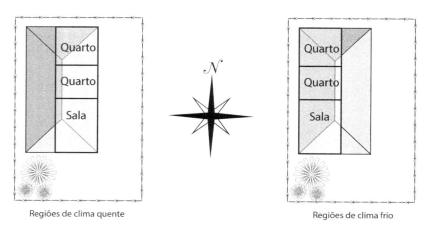

Regiões de clima quente   Regiões de clima frio

Esquema proposto para áreas de convivência.

Nota

O velho, mas sempre sábio, Código de Edificações do Município de São Paulo (Lei Municipal n. 8.266 de 20 de junho de 1975) preceituava:

Art. 93, § 2º – "As paredes externas livremente voltadas para a direção situada entre os rumos 45° SE e 45° SO deverão ter seu paramento externo devidamente impermeabilizado".

46. Georreferenciamento, propriedades rurais e sua importância no registro em cartório da propriedade agrícola (idem quanto aos documentos de lavra e à retirada de minérios)

Segundo o jornal informativo da Associação dos Engenheiros, Arquitetos e Agrônomos do Planalto Catarinense (AEA), em Lages, Santa Catarina, dos meses de outubro e novembro de 2010:

Georreferenciamento de propriedades rurais

Consiste na descrição do imóvel rural em suas características, limites e confrontações, realizando o levantamento das coordenadas dos vértices definidores dos imóveis rurais, georreferenciadas ao sistema geodésico brasileiro, com precisão fixada pelo Incra.[1]

O trabalho de georreferenciamento envolve, além do levantamento de dados, cálculos, análise documentais, projetos e desenhos em consonância com o disposto na legislação federal e na norma técnica do Incra. O trabalho possui estreita relação com o processo gerencial da propriedade, pois é por meio deste que o proprietário atualiza a situação cartorial e cadastral da propriedade. Além disso, é com base nesses dados que o proprietário irá unificar e

---

[1] Instituto Nacional de Colonização e Reforma Agrária (Incra).

gerenciar, de forma mais eficiente, as informações da propriedade no que diz respeito ao Incra, à Receita Federal e ao cartório.

A Lei (federal) n. 10.276, de 28 de agosto de 2001, regulamentada pelo Decreto n. 4.449, de 30 de outubro de 2002, que foi alterado pelo Decreto n. 5.570, de 31 de outubro de 2005, criou o Cadastro Nacional de Imóveis Rurais (CNIR). A referida lei torna obrigatório o georreferenciamento do imóvel para inclusão da propriedade no CNIR, condição esta, necessária para que se realize qualquer alteração cartorial (compra, venda ou incorporação) de propriedade.

A discussão atual sobre a questão fundiária no Brasil, incluindo-se aí a questão da reforma agrária desenvolvida pelo Incra, que criou o Programa Nacional de Reforma Agrária (PNRA), retoma um dos mais antigos temas de debate da história brasileira: a posse da terra. A dimensão real das propriedades rurais e os meios existentes à disposição dos poderes públicos para defini-las têm merecido atenção especial da legislação.

Desde 1846, data do primeiro registro hipotecário no Brasil, a especificação técnica que definia a propriedade imobiliária no país consistia num sistema meramente descritivo e sem maior rigor técnico. Em 2001, com a aprovação da Lei n. 10.267/01, a especificação técnica deixa de ser meramente descritiva, passando a exigir também a precisão posicional. Esse fato reveste-se de especial importância, pois nem o governo federal nem os órgãos estaduais de terras possuem um diagnóstico confiável das terras públicas e privadas do país. Cabe destacar que somente a partir do cruzamento de mapas e informações sobre as propriedades públicas e privadas será possível determinar, identificar e quantificar quais são as terras públicas, permitindo assim que se inicie um planejamento consistente da questão fundiária no país. Nesse sentido, a Lei n. 10.267/01, que criou o Sistema Público de Registro de Terras, pretende coibir a apropriação irregular e a transferência fraudulenta de terras, exigindo que no registro de todos os imóveis rurais constem seus limites definidos por meio de coordenadas precisas e referenciadas ao Sistema Geodésico Brasileiro (SGB).

A Lei n. 10.267/01 originou-se na junção de dois fatos políticos importantes: o primeiro foi a pressão da comunidade internacional para que o país organizasse sua vertente rural, de forma a continuar a receber verbas internacionais; o segundo fato foi o trabalho desenvolvido pela Comissão Parlamentar de Inquérito da Câmara dos Deputados (CPI da grilagem), que levantou o verdadeiro caos em que se encontra o sistema de registro brasileiro.

Por essa lei, a responsabilidade civil e criminal das informações é compartilhada entre o registro de imóveis (cartório), o proprietário que identifica os limites de sua propriedade e o profissional que assina a planta e o memorial descritivo. Com o novo Sistema Público de Registro de Terras, surgiu o Cadastro Nacional de Imóveis

Rurais (CNIR), que terá uma base comum de informações gerenciada pelo Incra e pela Receita Federal, sendo produzido e compartilhado por diversas instituições públicas federais e estaduais, produtoras e usuárias de informações sobre o meio rural brasileiro, pois as informações são de interesse de todos os segmentos da sociedade, ou seja, será um cadastro único de imóveis rurais.

Esse cadastro tem por objetivo fornecer um controle da legitimidade dos títulos das propriedades privadas e terras públicas, pois, dos 850 milhões de hectares que compõem o território brasileiro, não há informações sobre cerca de 200 milhões no Sistema Nacional de Cadastro dos Imóveis Rurais. Para a composição dessa base de informações, está sendo desenvolvido um projeto de cadastro de terras e regularização fundiária gerenciado pelo Incra e em parceria com órgãos estaduais de terra.

Com duração de nove anos, a meta desse projeto é cadastrar 2,2 milhões de imóveis rurais e regularizar 700 mil posses em cinco anos. Nos quatro anos seguintes, a previsão é cadastrar mais cinco milhões de imóveis e de regularizar 1,5 milhões de posses. O programa pretende identificar todas as áreas devolutas federais e estaduais, eliminar a grilagem e identificar e regularizar as áreas remanescentes de quilombos. De forma a impedir a sobreposição de áreas e identificar as propriedades de forma inequívoca, a lei estabelece no seu artigo 3° que os vértices definidores dos limites dos imóveis rurais devem ser georreferenciadas ao SGB, sendo que sua precisão posicional foi estabelecida pelo Incra, em 0,5 m.

Com a aprovação da Lei n. 10.267/2001, surgiram novas perspectivas de trabalho e atuação para os profissionais envolvidos com as atividades de posicionamento; foi criado o georreferenciamento de imóveis rurais. Dentre esses profissionais encontram-se os técnicos agrimensores. Diante da complexidade envolvida nas atividades de georreferenciamento de imóveis rurais, esses profissionais deverão ser reciclados, o que permitirá o seu credenciamento junto ao Incra.

Além disso, no Brasil existem, atualmente, 5.200.000 imóveis rurais. Desse montante, menos de 4.000 imóveis já foram georreferenciados ao SGB.[2]

---

[2] Informações obtidas pela Escola Média de Agropecuária Regional da Comissão Executiva do Plano da Lavoura Cacaueira (CEPLAC) – EMARC.

47. Localização de sistemas públicos subterrâneos

Podemos ter vários tipos de serviços públicos subterrâneos na área urbana, como:

- rede de água
- rede de esgoto
- rede pluvial
- rede de gás
- rede de eletricidade
- rede telefônica
- rede de televisão a cabo
- rede de telégrafos
- outros

Na área rural, podemos ter:

- oleodutos
- adutoras (condutoras de água potável e não potável)
- gasodutos
- outros

É muito importante haver o cadastro dessas redes subterrâneas e manter esse cadastro muito bem atualizado (*as built*).

Numa obra no centro de São Paulo, ao iniciar a cravação de estacas metálicas, o operador de bate-estacas morreu quando a estaca metálica encontrou um cabeamento elétrico que passava por um terreno particular. No bairro da Barra Funda, em São Paulo, já se encontrou rede pluvial (canalização muito antiga com mais de cem anos, construída com tijolos) em terreno particular.

Outros itens que se encontram em certas cidades são velhos cemitérios do Brasil Colônia, sem uso, e dos quais se perdeu a memória de existência e localização.

Em outras cidades, podem existir antigos cemitérios indígenas, onde os mortos eram enterrados com seus pertences, tornando-se um conjunto de informações de alto valor histórico e sociológico. São os sambaquis, protegidos por lei.

Cabe ao topógrafo, ao efetuar o levantamento desses serviços subterrâneos:

- consultar mapas de cadastro;
- consultar velhos documentos;
- fazer inspeções exploratórias;
- atualizar esses cadastros com qualidade crescente.

Na cidade de São Paulo, uma obra pública importante foi atrasada por três meses ao esbarrar em um antigo cemitério em volta de uma velha igreja (largo da Batata, em Pinheiros).

Notas históricas

1. Até os anos 1960, havia uma rede telefônica subterrânea oficial secreta!!!! Na época, só existiam telefones com fio, um deles, na penitenciária da cidade de São Paulo. A localização do cabo telefônico subterrâneo da penitenciária era confidencial, e, quando havia obras públicas nas suas imediações, as empresas de projeto apresentavam soluções de traçado de novas obras e a autoridade policial, sem dizer por onde passava a linha secreta, aprovava alguns traçados e reprovava outros. Era a forma de aprovar obras subterrâneas sem dizer onde estava a linha secreta, de importância estratégica nos casos de rebelião dos presos, que, aliás, sempre ocorriam. Hoje, o uso do telefone com cabo está em decadência, e os policiais e, às vezes, os condenados, usam telefones celulares.

2. Em certas cidades, temos ainda pontos de inspeção junto a postos de gasolina para pegar amostras de água do terreno (lençol freático) para verificar se essas águas estão contaminadas por saídas indevidas ou não previstas dos reservatórios de gasolina, álcool ou óleo diesel. Tanques de aço enterrados sofrem corrosão, podendo liberar uma parcela do produto armazenado. Cabe ao topógrafo fazer o levantamento nas ruas e em terrenos lindeiros para detectar esses problemas e demarcar esses pontos de inspeção de meio ambiente.

48. Como programar e avaliar serviços de levantamentos topográficos e uma sugestão de modelo de contrato

A contratação de serviços de topografia exige, da parte do prestador do serviço (agrimensor, engenheiro, arquiteto etc.), os seguintes tópicos:

- clareza na compreensão do que o cliente quer (que nem sempre é o que ele realmente precisa);
- o topógrafo deve fazer uma proposta que atenda às necessidades e aos objetivos;
- fazer o contrato por escrito, com clara indicação do trabalho a realizar, responsabilidades, prazos de execução, remuneração, formas de pagamento;
- definir o produto e sua forma de entrega (número de cópias ou CD) ao cliente;
- definir o prazo de execução;
- fixar as precisões topográficas necessárias;
- indicar as normas e as prescrições técnicas;
- exigir que um representante da empresa de topografia, antes de fazer a proposta, visite o local a ser levantado, para o perfeito conhecimento do local;
- se o local for uma indústria com características próprias (insalubridade, periculosidade), estas devem constar no contrato;
- providenciar a entrega e cobrar dos funcionários a utilização de equipamentos adequados a sua proteção em campo; por exemplo, se for o caso, protetor solar, vestimentas adequadas etc;
- fazer um registro fotográfico de todo o trabalho a ser realizado, anexando-o ao contrato;

- se houver serviços de terceiros que interfiram no trabalho do topógrafo (área em construção por terceiros), as informações devem constar no contrato;
- comunicar as exigências de higiene e segurança do trabalho;
- verificar, previamente ao início do trabalho, se há pendências com vizinhos que poderão atrapalhar os trabalhos. Em certos estados, a presença de índios e/ou posseiros[1] é um problema a ser resolvido;
- verificar se há problemas ambientais que poderão interferir com o trabalho de abertura de picadas e de formação de clareiras;
- a atualização do cadastro no CREA dos responsáveis envolvidos e o cumprimento da tabela de honorários;
- preenchimento e emissão da anotação de responsabilidade técnica do CREA ou do CAU;
- assinatura das partes e de duas testemunhas presentes no ato da assinatura do contrato.

Frases filosóficas

1. Contratos se fazem com amigos, pois esses documentos, em geral, minimizam incorretas interpretações e com isso preservam amizades.

2. Contratos não se fazem com inimigos, pois com estes os contratos de nada adiantam.

Sugestão de modelo de contrato

A seguir, veremos um modelo de contrato (sugestão inicial) para a prestação de serviços de topografia. Faça a adaptação para o seu caso, para a sua experiência e para o seu local. Tenha sempre um modelo disponível. Com o tempo, vá atualizando esse modelo. É um erro imperdoável o profissional não ter um modelo próprio de contrato.

---

[1] Posseiro é uma pessoa ou família que ocupa um terreno sem ser o proprietário ou sem ser o inquilino. A posse, com o tempo, pode gerar direitos. Não há direito de posse em terrenos públicos.

Modelo de contrato de prestação de serviços para o levantamento topográfico de uma gleba

(Local) e (data)

1. Dados iniciais:

    Contratante (o interessado no serviço) sr. ...., proprietário do lote em pauta.

    Contratado topógrafo (nome) ...., com registro no CREA, número ....

    Escopo (descrição) dos serviços: Levantar topograficamente uma gleba rural com área de cerca de .... m^2 com a finalidade de demarcar limites.

    O lote (gleba) localiza-se em área rural da cidade de ...., estado de ...., próxima da estrada de ...., no km ...., distante, aproximadamente, ...km do centro, em estrada de terra.

    Acompanha o presente a ART n. ...., registrada no CREA ou RRT no CAU, que define a responsabilidade do profissional.

2. Detalhes da prestação de serviço a ser desenvolvida pelo profissional contratado:

    - lançamento de poligonal;
    - nivelamento geométrico da poligonal e nivelamento trigonométrico dos limites da gleba;
    - desenho em suporte papel, em escala .... do lote, com base nos dados do levantamento;
    - entrega do CD do resultado do levantamento efetuado ao cliente, incluindo fotos do lote e um exemplar do desenho resultante;
    - arquivamento dos documentos apresentados por um ano, caso o cliente perca o CD entregue;
    - o contratado fornecerá fotos do local da gleba e dos trabalhos em andamento em CD;
    - o levantamento atenderá às exigências do Instituto Nacional de Colonização e Reforma Agrária (Incra), do Conselho Nacional de Produção Mineral (CNPM) e do Programa Nacional de Reforma Agrária (PNRA) e às normas da ABNT.

3. Prazos do trabalho:

    O prazo de execução do trabalho contratado é de............. (dias, meses ou anos), a partir da data do pagamento do sinal descrito a seguir, salvo motivo de força maior ou calamidade pública, entendendo-se por motivo de força maior fatos como falta de transporte público, interposição judicial, falta de segurança. Entende-se por motivo de calamidade pública regimes pluviométricos atípicos, ventanias (furacão), epidemias, guerras e outras.

4. Honorários e forma de pagamento:

   Total de R$ .... por hectare de área que tenha sido efetivamente levantada, sendo 30% pago de sinal e o restante pago em até dez dias após a entrega dos trabalhos. Estima-se que a gleba tenha uma área aproximada de .... ha.

5. Notas:
   - o contratante não fornecerá transporte, alojamento ou alimentação ao pessoal da contratada, cabendo a esta providenciar esses apoios;
   - caberá ao contratante e nunca ao contratado[2] obter as licenças oficiais para a realização dos serviços e organizar o relacionamento com os vizinhos da gleba, se necessário;
   - cabe ao profissional o registro do seu trabalho no CREA ou no CAU do seu estado (anotação de responsabilidade técnica);
   - o presente contrato não gera relacionamento trabalhista entre a empresa, seus funcionários e prepostos;
   - fica eleito o foro dessa cidade como o único competente para dirimir qualquer dúvida oriunda do presente contrato.

E, por estarem assim justas e acordadas, as partes firmam o presente contrato em duas vias de igual forma e teor na presença de duas testemunhas.

(Local) e (data) ....

(Assinatura)..

Contratante (nome)..CPF: ....

(Assinatura)..

Contratado (nome) ....CPF: ....

---

[2] A não ser que o contratado seja previamente informado desse serviço e o valor tenha sido orçado e incluído na proposta. Cuidado! Nunca se sabe o tempo que se levará para obter licenças oficiais. Cuidado! Cuidado! Cuidado!

Testemunhas: (duas, no mínimo)

1. (nome) ....

Assinatura: ....RG: ....CPF: ....

2. (nome) ....

Assinatura: ....RG: ....CPF: ....

Notas

1. Há uma tendência, infelizmente pouco crescente, de antes de assinar um contrato, as partes envolvidas já escolherem e colocarem no texto do contrato um perito que resolverá possíveis pendências futuras, se ocorrerem.[3]

2. O Poder Judiciário leva em alta conta a escolha prévia desse perito (que pode ser qualquer cidadão), pois vale a regra: "Não há melhor juiz do que alguém escolhido previamente pelas partes, antes de nascer o contrato".

3. Nos portos marítimos com situações de importação e exportação de produtos, sempre há peritos escolhidos pelos interessados exportadores ou importadores. Surgida uma pendência sobre um produto a exportar ou importar, o perito do porto toma a decisão de aceitar ou rejeitar o produto em poucos dias, quando o poder judiciário levaria meses ou até anos. Com a rapidez do perito do porto, o navio carregador do produto pode zarpar com brevidade.

4. Registrar num cartório de títulos e documentos um contrato particular somente se justifica em caso de contratos com grandes valores.

---

[3] Ainda no final do século XX existia uma pendência territorial entre Chile e Argentina, sendo um assunto ligado ao grande número de ilhas existentes no sul desses países. Por um acordo, foi escolhido como perito o papa da Igreja Católica Apostólica Romana (João Paulo II) que, assessorado por uma equipe de especialistas, definiu os limites entre os dois países nessa região. Os dois congressos nacionais envolvidos aprovaram o parecer do papa, que fixou definitivamente os limites entre os países.

49. Tabelas de honorários

Em decorrência da variedade e da complexidade dos trabalhos de topografia, várias entidades interessadas no assunto topografia emitiram regras e tabelas de honorários.

Analise os itens com os quais você estará trabalhando e aplique aqueles que mais se aproximarem do serviço a ser realizado. Apresentamos a seguir um exemplo do que pode ser encontrado no mercado como forma de orientação de itens de serviços e de unidades de medida. Acrescentamos que os itens apresentados foram pinçados de uma tabela contendo quase todos os serviços de engenharia possíveis, por isso mantivemos os números referenciais.

Topografia – Equipamentos e serviços		
Item	Serviço	Unidade
1.9	Levantamento planimétrico cadastral	m²
1.10	Levantamento planialtimétrico cadastral	m²
1.11	Locação de eixo de referência para projeto de via pública	m
1.12	Nivelamento	m
1.13	Nivelamento de seções transversais	m de seção
1.14	Levantamento planimétrico de via pública e semicadastro de imóveis	m
1.15	Nivelamento do eixo de via pública, incluso soleiras, guias e tampões	m
1.16	Cadastro de galeria existente	PV
1.17	Elementos para locação de obra de arte	m de eixo
1.18	Transporte de cota de referência de nível	m
1.19	Nivelamento geométrico no interior da galeria	m
1.20	Cadastro especial de galeria moldada (1:500)	m
1.21	Nivelamento geométrico de fundo de canal ou córrego	m
1.22	Relatório técnico	m
1.23	Cadastro de canalizações circulares	m
1.24	Cadastro e amarração de caixa de inspeção ou caixa de concordância ou caixa morta	un
1.25	Cadastro e amarração de boca de lobo ou leão	un
1.26	Cadastro e amarração de PV	un

(continua)

Topografia – Equipamentos e serviços *(continuação)*		
1.27	Cadastro e amarração de PV recoberto	un
1.28	Transporte de coordenadas	m
1.31	Estação total precisão 5", tipo Leica TC 705 ou similar, inclusive acessórios	h
1.32	Estação total precisão 3", tipo Leica TC 1103 ou similar, inclusive acessórios	h
1.33	Estação total precisão 1,5", tipo Leica TC 1101 ou similar, inclusive acessórios	h
1.34	Teodolito precisão 10", tipo Leica T 110 ou similar, inclusive acessórios	h
1.35	Nível precisão 1,5 mm/km, tipo Leica NA 728 ou similar, inclusive acessórios	h
1.36	Nível precisão 0,7 mm/km, tipo Leica NA2 ou similar, inclusive acessórios	h
1.37	Nível precisão 0,3 mm/km, tipo Leica NA2, acoplado com GPM 3 ou similar, inclusive acessórios	h

A tabela anterior, completa e atualizada anualmente ou semestralmente, pode ser obtida no site da Prefeitura de São Paulo: www.prefeitura.sp.gov.br/cidade/secretarias/infraestrutura/tabelas_de_custos/index.php?p=193877.

Recomendamos que sejam consultadas paralelamente as tabelas de composições dos custos unitários e de critérios de medição, e não apenas a de custos, que podem ser obtidas no site da prefeitura citado anteriormente, objetivando uma adequada avaliação do que está inserido na tabela de custos unitários. Alertamos ainda aos iniciantes que o custo não é o preço do serviço, sobre estes devem incidir ainda o BDI (benefícios e dispesas diretas) adequado da empresa.

Notas

1. Levantamento cadastral: no levantamento cadastral, temos que, além de fazer o levantamento planialtimétrico de uma região, medir as larguras das ruas, as larguras das calçadas, verificar a qualidade do pavimento das ruas, a indicação de árvores em locais públicos, as bocas de lobo, os poços de visita em frente aos lotes e, eventualmente, o fundo desses lotes, os postes de iluminação, as tubulações de gás etc.

2. Levantamento semicadastral: o levantamento semicadastral efetua parte desses levantamentos em função do tipo de obra a se executar e para o qual o levantamento semicadastral é suficiente.

3. Alertamos que o CREA disponibiliza uma tabela de valores de honorários de topografia, entre outros.

4. Em trabalhos rurais, os autores deste livro recomendam contratar os serviços de topografia por km de perímetro.

50. Os computadores e a topografia: programas (*softwares*) para topografia

Com os computadores, foram criados muitos programas que sistematizaram os procedimentos, simplificando e acelerando os tempos de obtenção de dados. Por exemplo, eles:

- recebem dados topográficos nas estações totais;
- analisam e calculam dados coletados;
- elaboram desenhos;
- armazenam dados;
- fazem levantamento de quantitativos.

Citamos a seguir alguns poucos exemplos de programas de computador utilizados atualmente:

- Geosection Autocad 2012;
- Topocal 2015 4.0.182;
- Geosection Map English 100.

51. Batimetria ou a medida de profundidade dos corpos de água

Sendo:

h: altura de água medida pela batimetria;

NA: nível d'água;

NT: nível do terreno.

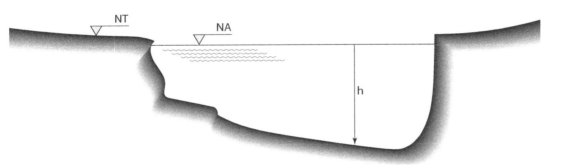

A *batimetria* é a técnica de detectar a profundidade (h) do fundo de um corpo de água (oceano, rio ou lago). Ecobatímetro é o nome do equipamento utilizado para essa finalidade.

No passado, usavam, para essa medida, pedras de grande peso ligadas a cordas com nós, e podia-se, quando a pedra chegava ao fundo do corpo de água, conhecer sua profundidade. Hoje usam aparelhos eletrônicos, os ecobatímetros.

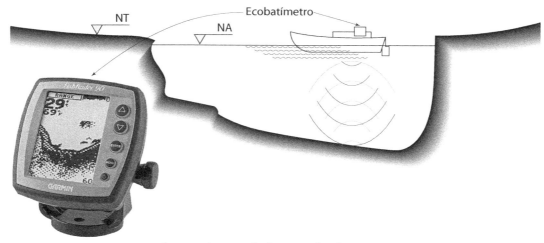

Esquema de um ecobatímetro em funcionamento.

O *ecobatímetro* é um aparelho utilizado para sondagem que se baseia na medição do tempo decorrido entre a emissão de um pulso sonoro, de frequência sônica ou ultrassônica, e a recepção do mesmo sinal após ser refletido pelo fundo do mar, de uma lagoa ou do leito de um rio. O tempo que o som leva entre o momento de sua emissão e o de sua recepção, determina a profundidade entre a superfície da água e o leito do canal.

Esse método é também empregado na indústria para se efetuar a medição de nível em reservatórios.

Notas

1. A ecobatimetria tem que ser acompanhada por topografia para se definir em qual local foi obtida a medida.

2. Como os antigos navegadores faziam batimetria:

Na época dos grandes descobrimentos (séculos XV e XVI), os navios eram de madeira, impulsionados somente pelos ventos, e tinham tamanho reduzido. Por conta disso, eles tinham pequena autonomia de água e de alimentos, obrigando-os a procurar apoio e proteção em portos naturais em terra, ancorando normalmente em pequenas baías. O grande risco, então, era o de encalhar, o que poderia levar, inclusive, ao fim do barco, preso no fundo do mar. Para evitar o encalhe, as caravelas, ao chegarem numa baía desconhecida, esperavam um dia inteiro sem entrar na baía; os marinheiros anotavam, usando um ponto fixo na costa, os horários das marés e seus níveis. Com apenas um só dia eles podiam ter uma ideia sobre o regime (amplitude) das marés e seus níveis.

De posse desses dados, eventualmente o barco até podia entrar na maré baixa na baía desconhecida e, usando um tosco batímetro, que era uma corda graduada (com nós igualmente espaçados) e uma pedra na extremidade (poita), iam medindo a profundidade da baía e, quando essa profundidade se reduzia bastante, ancoravam o navio. A saída posterior para o mar aberto, com o barco reabastecido, era feita na maré alta; com isso, afastava-se o risco do encalhamento.

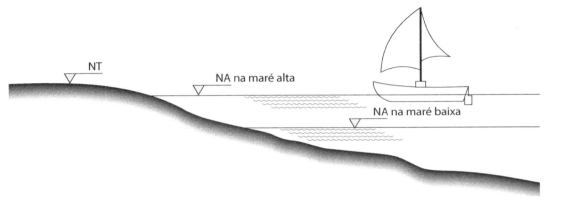

52. Medidores de grandezas físicas no campo

Os profissionais de medição de grandezas físicas, como os tecnólogos, os topógrafos, os arquitetos, os geógrafos e os engenheiros, têm que conhecer a terminologia de classificação e de identificação de instrumentos de medidas. Vamos às que interessam à topografia e às ciências afins. São elas:

- anemômetro: aparelho que mede a velocidade do ar;
- barômetro: instrumento que mede a pressão atmosférica num ponto;
- batímetro: mede a profundidade de um corpo de água;
- evaporímetro: mede a evaporação num corpo de água (normalmente um tanque). Sua principal finalidade é a agrícola;
- distanciômetro: medidores eletrônicos de distância (trenas eletrônicas);
- fio invar: fio não sujeito a dilatação, utilizado para a base de triangulações geodésicas;
- fio de prumo: instrumento que permite verificar a verticalidade do objeto estudado;
- gravimetria: a análise gravimétrica consiste na análise quantitativa que permite conhecer a quantidade de uma substância em uma mistura;
- hidrômetro: instrumento que totaliza o volume de líquido que passou em um ponto;
- higrômetro: aparelho que mede a umidade de um ambiente;
- indicador: instrumento que indica, de alguma forma, o resultado de uma medida. São exemplos a trena, o transferidor e o teodolito;
- limnígrafo: aparelho que mede e registra um nível de água, seja de um rio ou do mar, ou de qualquer corpo de água;
- marégrafo: aparelho utilizado para medir e registrar a cota das marés;
- manômetro: instrumento que mede a pressão hidráulica ou atmosférica em um ponto;

- molinete: aparelho que mede a velocidade em um ponto de uma corrente de água, ou seja, velocidade de fluidos;
- medidor: aparelho que mede uma variável e a compara com outra que é o padrão, por exemplo, a trena. A régua limnimétrica colocada em rios e mares mede o nível da água;
- micrômetro: instrumento utilizado para medir distâncias, espessuras ou ângulos diminutos, cujo funcionamento se vale de princípios mecânicos ou ópticos;
- nível: aparelho que mede alturas relativas a um plano horizontal;
- odômetro: instrumento que totaliza uma quilometragem percorrida;
- paquímetro: aparelho utilizado para medir, com maior precisão, dimensões lineares externas ou de profundidade, normalmente com até 6 polegadas;
- planímetro: instrumento que mede mecanicamente a área de uma planta;
- pluviógrafo: aparelho que mede e registra a intensidade da chuva em um ponto ao longo de um tempo;
- pluviômetro: instrumento que mede a quantidade de chuva (em mm) ocorrida num espaço de tempo;
- prumos: aparelhos que verificam a verticalidade de um ponto – podem ser de pêndulo ou de bolha;
- registrador: o valor da medida fica gravado em algum dispositivo. O termômetro clínico registra a temperatura mais alta do corpo. É um aparelho de máxima. Para estudos climáticos, existe um termômetro de mínima;
- régua de vazão: régua limnimétrica (de medida de nível de água) que mede o nível de um rio ou de qualquer corpo de água, como mares, lagos etc. Às vezes, usando-se várias medidas de vazão de um rio, se correlacionam a altura da água do rio e a sua vazão;
- rotâmetro: instrumento que mede rotações;
- sismógrafo: instrumento que mede vibrações do terreno;
- solarímetro: aparelho que mede a intensidade da luz solar num ponto;
- teodolito: instrumento que mede ângulos contidos em planos horizontais e em planos verticais, bem como distâncias indiretas (mira) por meio de cálculos;
- totalizador: aparelho que totaliza os valores de uma variável ao longo de um determinado período. O odômetro de um carro totaliza a quilometragem percorrida. O hidrômetro totaliza o volume de água que passa. Atenção: no contexto aqui exposto, odômetro e hidrômetro não são medidores e, sim,

totalizadores;

- vacuômetro: instrumento que mede a pressão abaixo da pressão atmosférica;
- vertedor: dispositivo que possibilita medir a vazão de um corpo de água (rio, canal etc).

Notas de curiosidades

1. Existe medidor sem indicador? Sim. O dispositivo de sua geladeira que controla a temperatura, ligando-a e desligando-a, é um medidor de temperatura sem indicador.

2. Todas as unidades de medida devem seguir o Sistema Internacional de Unidades (SI), novo nome para o sistema métrico.

3. Outros campos do conhecimento geram outras medidas e instrumentos, como a eletricidade com amperímetros, voltímetros etc.

4. Existem, de propriedade dos governos estaduais ou do governo federal, ou, ainda, de concessionárias de serviços públicos, postos meteorológicos com diferentes graus de medida de suas variáveis. Um dos autores deste livro visitou o mais simples dos postos. Ele estava localizado próximo a uma estrada de terra, num bairro rural da cidade de Paraibuna, no estado de São Paulo, dentro da mata atlântica; era um pluviômetro. Os meteorologistas precisam da sua leitura diária, que é obrigatória, e sempre na mesma hora. Para isso, dependiam da leitura de uma pessoa com um mínimo de instrução. Quem efetuava essa missão era o comerciante, dono do pequeno armazém do bairro, única pessoa instruída na região.

53. Higiene e segurança nos trabalhos de topografia

São sugeridas várias medidas de higiene e de segurança no trabalho de topografia:

- capacete ou chapéu para diminuir a insolação direta;
- camisas de mangas compridas para proteger a pele da insolação e do ataque de mosquitos;
- bota de cano alto para proteção contra o ataque de animais peçonhentos. No levantamento de fazendas e áreas rurais, muna-se de soros antiofídicos ou, pelo menos, saiba onde encontrá-los;[1]
- uso de protetores solares contra raios do Sol e luminosidade, pois a simples luminosidade, mesmo sem incidência direta de raios solares, pode causar problemas na pele;
- kit de primeiros socorros;
- telefone celular para situações de emergência;
- EPI (equipamento de proteção individual);
- GPS de bolso para fornecimento da posição, via telefonia, em casos de emergência;
- cantil com água potável para prevenir desidratação e infecções pelo consumo de água poluída;
- para trabalhos em áreas de alto risco, equipamentos especiais para cada caso específico.

---

[1] Instituto Butantan, por exemplo.

54. Lista de entidades relacionadas à topografia e à agrimensura (sistema Confea, IBGE)

O Conselho Federal de Engenharia e Agronomia (Confea, www.confea.org.br) em conjunto com o Conselho Regional de Engenharia e Agronomia (CREA) de cada estado e o Conselho de Arquitetura e Urbanismo (CAU) formam o sistema que fiscaliza e normaliza as atividades de topografia e agrimensura do país.

Cabe à Fundação Instituto Brasileiro de Geografia e Estatística (IBGE) operar a rede Sistema Geodésico Brasileiro (SGB), constituído por dezenas de milhares de estações de medida pelo Brasil, que, por sua vez, são subdivididas em três redes:

- planimétrica: latitude e longitude de precisão;
- altimétrica: altitudes de alta precisão;
- gravimétrica: valores precisos da aceleração da gravidade no local de medida.

Existem, ainda, as entidades associativas que ajudam a desenvolver essas atividades, como:

- Federação Nacional de Engenheiros Agrimensores (Fenea, www.fenea.org.br);
- International Federation of Surveyors (FIG – Federação Internacional de Geômetras – Agrimensores, www.fig.net);
- Associação Brasileira de Engenheiros Cartógrafos (Abec, www.abecsp.org.br);
- Associação Gaúcha de Empresas de Topografia e Cartografia (Agetoc, www.agetor.org.br);
- Associação Profissional dos Engenheiros Agrimensores do Estado de São Paulo (Apeaesp);

- Associação dos Engenheiros Agrimensores da Bahia (Aseab);
- Associação Sulmatogrossense de Engenheiros Agrimensores (Asmea);
- Sociedade dos Engenheiros Agrimensores de Minas Gerais (SEAMG);
- Associação Piauiense de Engenheiros Agrimensores (Apeag);
- Associação Catarinense de Engenheiros Agrimensores (Aceag);
- Associação dos Engenheiros Agrimensores da Região de Araraquara (Aeara);
- Associação Brasileira de Normas Técnicas (ABNT), que emite normas técnicas em geral;
- Sociedade Brasileira de Cartografia (SBC);
- Destaquem-se as escolas de nível médio e superior de formação de profissionais nacionais, que muito têm contribuído para o crescimento da nação.

Vejamos, extraído do site da Fenea, a definição de engenheiro agrimensor e a resolução do Confea sobre as atividades dos engenheiros agrimensores.

Atribuições Confea
RESOLUÇÃO N. 218, DE 29 JUNHO 1973, DO CONFEA

Discrimina atividades das diferentes modalidades profissionais da Engenharia, Arquitetura e Agronomia.

O Conselho Federal de Engenharia, Arquitetura e Agronomia, usando das atribuições que lhe conferem as letras "d" e "f", parágrafo único do artigo da Lei nº 5.194, de 24 DEZ 1966,

CONSIDERANDO que o Art. 7º da Lei n. 5.194/66 refere-se às atividades profissionais do engenheiro, do arquiteto e do engenheiro agrônomo, em termos genéricos;

CONSIDERANDO a necessidade de discriminar atividades das diferentes modalidades profissionais da Engenharia, Arquitetura e Agronomia em nível superior e em nível médio, para fins da fiscalização de seu exercício profissional, e atendendo ao disposto na alínea "b" do artigo 6º e parágrafo único do artigo 84 da Lei nº 5.194, de 24 DEZ 1966,

RESOLVE

Art. 1º – *Para efeito de fiscalização do exercício profissional correspondente às diferentes modalidades da Engenharia, Arquitetura e Agronomia em nível superior e em nível médio, ficam designadas as seguintes atividades:*

Atividade 01 – Supervisão, coordenação e orientação técnica;

Atividade 02 – Estudo, planejamento, projeto e especificação;

Atividade 03 – Estudo de viabilidade técnico-econômica;

Atividade 04 – Assistência, assessoria e consultoria;

Atividade 05 – Direção de obra e serviço técnico;

Atividade 06 – Vistoria, perícia, avaliação, arbitramento, laudo e parecer técnico;

Atividade 07 – Desempenho de cargo e função técnica;

Atividade 08 – Ensino, pesquisa, análise, experimentação, ensaio e divulgação, técnica; extensão;

Atividade 09 – Elaboração de orçamento;

Atividade 10 – Padronização, mensuração e controle de qualidade;

Atividade 11 – Execução de obra e serviço técnico;

Atividade 12 – Fiscalização de obra e serviço técnico;

Atividade 13 – Produção técnica e especializada;

Atividade 14 – Condução de trabalho técnico;

Atividade 15 – Condução de equipe de instalação, montagem, operação, reparo ou manutenção;

Atividade 16 – Execução de instalação, montagem e reparo;

Atividade 17 – Operação e manutenção de equipamento e instalação;

Atividade 18 – Execução de desenho técnico.

[...]

Art. 4º – *Compete ao ENGENHEIRO AGRIMENSOR:*

I – *O desempenho das atividades 01 a 12 e 14 a 18 do artigo 1º desta Resolução, referente a levantamentos topográficos, batimétricos, geodésicos e aerofotogramétricos; locação de:*

a) *loteamentos;*

b) *sistemas de saneamento, irrigação e drenagem;*

c) *traçados de cidades;*

d) *estradas; seus serviços afins e correlatos.*

II – O desempenho das atividades 06 a 12 e 14 a 18 do artigo 1º desta Resolução, referente a arruamentos, estradas e obras hidráulicas; seus serviços afins e correlatos.

55. Numeração de lotes e de prédios urbanos

Para uma melhor identificação, todos os lotes de uma rua de um município devem ser numerados. Isso serve para:
- sua perfeita localização;
- identificação na compra e na venda (titulação e domínio);
- direitos gerais de propriedade;
- cobrança de impostos municipais.

O topógrafo é o profissional indicado para coordenar os trabalhos de numeração de lotes.

Nota

Apesar dessas explicações, na cidade de Tóquio, no Japão, as residências não são numeradas.

No Brasil existem dois sistemas de numeração, como demonstrado a seguir.

O sistema mais antigo é utilizado, por exemplo, na cidade de Santos, no estado de São Paulo, onde os lotes foram individualizados por numeração do tipo lote 1, lote 2, lote 3, lote 4, sendo que os lotes pares se situam à direita de quem entra na rua desde o seu início, e os ímpares ficam à esquerda de quem entra na rua; denominamos esse sistema de *sistema A*.

O início da rua é considerado a sua extremidade mais próxima do centro da cidade.

Outro sistema de numeração, mais moderno e mais bem adaptado aos dias de hoje, é o *sistema B*, utilizado na maior parte das cidades, incluindo a cidade de São Paulo, que indica o lote por sua distância ao início da rua (centro do leito carroçável). Assim, temos que o lote 673 se localiza, aproximadamente, a 673 metros do início da rua.

A grande vantagem desse sistema é que, por exemplo, o lote de número 1.452 nos informa que seu centro está a 1.452 m do início da rua. Se ele medir 20 m de frente e houver dois lotes com as mesmas dimensões sequencialmente, um será, por exemplo, o número 1.452, e o outro, o número 1.472. A medida é obtida, aproximadamente, no meio do lote, pois não há preocupação com maiores precisões.

No caso do sistema A, o lote 126 pode estar próximo do início da rua se os lotes originais forem de pequena largura (testada), ou mais distante se os lotes forem de grande testada. Na eventual subdivisão do lote 126, como já existe o lote 128, surgirá o terrível lote 126A. Se esse lote 126A for subdividido mais uma vez, surgirá o "não menos terrível" lote 126A direita.

Pelas ocorrências descritas, recomenda-se o sistema de numeração por distância (sistema B).

Alguns casos que já aconteceram

1. Um determinado distrito com lotes urbanos já numerados conseguiu se transformar em município; seus lotes, já numerados, levavam em consideração o início das ruas pelo ponto extremo, mais próximo da sede municipal antiga. Ocorreu que o novo município foi instalado com uma nova sede (prédio da prefeitura). De acordo com a nova legislação do município, a sede da prefeitura seria a indicação do início da numeração dos lotes das ruas. Desafortunadamente, a numeração dos lotes, de acordo com o novo sistema, era feita de modo inverso ao que existia, ou seja, o início da numeração deveria ser o final pela nova metodologia. Os lotes foram remarcados, a prefeitura renumerou todos os lotes e emitiu um certificado de nova numeração para cada munícipe, que foi obrigado a levar ao cartório de registro de imóveis esse novo certificado, que cobrou de cada munícipe a alteração na inscrição. Como a sede da prefeitura do município seria estabelecida em novo prédio, uma lei municipal criou um marco numa praça pública central como referência permanente para levantamentos topográficos e para determinação de qual extremidade de uma rua seria considerada seu início.

2. A avenida Faria Lima, na cidade de São Paulo, tinha uma numeração de lotes em que o início da rua era a extremidade mais próxima do centro da cidade, utilizando, para isso, o marco na praça da Sé como marco zero. Ocorreu que, um dia, a avenida Faria Lima foi prolongada e a extremidade que era a mais próxima do centro tornou-se a mais afastada; a numeração dos novos lotes resultaria em numeração negativa de imóveis (veja um exemplo na figura a seguir). Solução: todos os lotes foram renumerados pela prefeitura, que emitiu documento de alteração e cada munícipe interessado foi ao cartório de registro de imóveis para alterar a inscrição.

Típico caso de incoerência na numeração

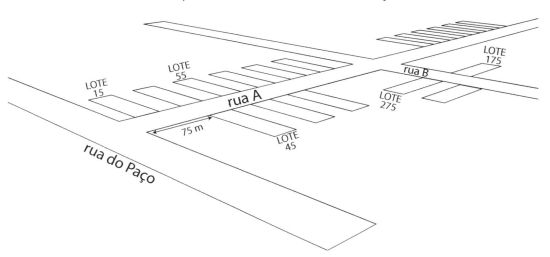

Centro da cidade: é necessário existir um marco de referência, um marco de grande porte e o máximo possível à prova de vandalismo ou remoção.

56. Notas sumárias sobre a trigonometria esférica, fundamental para os navegadores e para algumas obras terrestres

A trigonometria que se aprende nos cursos médios e também nas orientações deste livro é a chamada de *trigonometria plana*, ou seja, tudo acontece num plano.

Essa trigonometria é utilizada nos casos mais comuns da topografia, como levantamento de áreas urbanas, rurais etc.

A trigonometria plana não é utilizada, por exemplo, para estudos de navegação marítima, navegação aérea, obras muito extensas e demais assuntos ligados à geodésia (topografia de alta precisão). Para navegação e obras de grande extensão, precisamos usar a *trigonometria esférica*, ou seja, uma trigonometria que se apoie numa superfície totalmente esférica.

Para estudos de satélites, é necessário, às vezes, abandonar a hipótese de a Terra ser perfeitamente esférica para substituí-la por aquela que diz que a Terra possui uma forma geoide, com um achatamento nos polos.

Nota

Para a locação da construção de estradas, a precisão necessária de topografia é relativa. Para obras de túneis, entretanto, por causa do altíssimo custo por metro linear de desenvolvimento, a precisão topográfica necessária é bem alta. O túnel sob o canal da Mancha ligando a França à Inglaterra teve sua escavação iniciada dos dois lados. O encontro das duas equipes foi perfeito, confirmando a importância da topografia de precisão.

D INFORMAÇÕES PRELIMINARES SOBRE AEROFOTOGRA- METRIA

57. Notas sumárias sobre aerofotogrametria

Além dos processos clássicos da topografia até agora descritos, podemos também elaborar plantas, cartas e até mapas-múndi com o emprego da aerofotogrametria.

A *aerofotogrametria* consiste na tomada de fotos aéreas verticais em escala determinada pela altura do voo em relação ao terreno e à focal da máquina aerofotográfica.

Cada par de fotografias sequenciais terá pontos fotográficos comuns, facilmente reconhecidos, interligados entre si (por poligonação topográfica, triangulação ou GPS), especialmente na área de recobrimento longitudinal das fotos (60%) no sentido do eixo do voo.

Esse procedimento, chamado de *apoio terrestre*, determina a real escala das fotos, gerando um modelo estereoscópico, passível de ser reproduzido por meio de instrumentos restituidores em plantas com escala proporcional a escala das fotos.

Esse processo repetido sequencialmente em faixas de voo paralelas com recobrimento lateral de 30% permite a construção de um mapa preciso.

Atualmente, com a obtenção de fotos digitais e com todo o processo de restituição computadorizada, o produto final (plantas, cartas ou mapas) é obtido mais rapidamente e de modo mais econômico.

Apresentamos a seguir uma tabela contendo elementos obtidos com máquina aerofotogramétrica com focal de 155 mm.

Tabela aerofotogramétrica

Escala de voo	Focal (cm)	Altura de voo (m)	Distância de pontos nadirais (km)	Superposição lateral (km)	Largura da faixa (km)	Área abrangida pela fotografia (km^2)	Área do par esteroscópico (km^2)
1/3.000	15,5	450	0,28	0,48	0,69	0,48	0,13
1/4.000	15,5	600	0,37	0,64	0,92	0,85	0,24
1/5.000	15,5	750	0,46	0,81	1,15	1,32	0,37
1/6.000	15,5	900	0,55	0,97	1,38	1,90	0,53
1/7.000	15,5	1.050	0,64	1,13	1,61	2,59	0,72
1/8.000	15,5	1.200	0,74	1,29	1,84	3,39	0,95
1/9.000	15,5	1.350	0,83	1,45	2,07	4,28	1,20
1/10.000	15,5	1.500	0,92	1,61	2,30	5,29	1,48
1/11.000	15,5	1.650	1,01	1,77	2,53	6,40	1,79
1/12.000	15,5	1.800	1,10	1,93	2,76	7,62	2,12
1/13.000	15,5	1.950	1,20	2,09	2,99	8,94	2,51
1/14.000	15,5	2.100	1,29	2,25	3,22	10,37	2,90
1/15.000	15,5	2.250	1,38	2,42	3,45	11,90	3,34
1/16.000	15,5	2.400	1,47	2,58	3,68	13,54	3,79
1/17.000	15,5	2.550	1,56	2,74	3,91	15,29	4,27
1/18.000	15,5	2.750	1,65	2,90	4,14	17,14	4,81
1/19.000	15,5	2.850	1,75	3,06	4,37	19,10	5,36
1/20.000	15,5	3.000	1,84	3,22	4,60	21,16	5,92
1/21.000	15,5	3.150	1,93	3,38	4,83	23,33	6,52
1/22.000	15,5	3.300	2,02	3,54	5,06	25,60	7,15
1/23.000	15,5	3.450	2,12	3,70	5,29	27,98	7,84
1/24.000	15,5	3.600	2,21	3,86	5,52	30,47	8,53
1/25.000	15,5	3.750	2,30	4,03	5,75	33,06	9,25
1/26.000	15,5	3.900	2,39	4,19	5,98	35,76	10,01
1/27.000	15,5	4.050	2,48	4,35	6,21	38,56	10,80
1/28.000	15,5	4.200	2,58	4,51	6,44	41,47	11,64
1/29.000	15,5	4.350	2,67	4,67	6,67	43,49	12,47
1/30.000	15,5	4.500	2,76	4,83	6,90	47,61	13,33
1/40.000	15,5	6.000	3,68	6,44	9,20	84,64	23,70

A TOPOGRAFIA E O DIREITO

58. Terrenos de marinha:[1] como entendê-los

Os terrenos de que vamos falar não são da Marinha de Guerra do Brasil; são terrenos de propriedade de todo o país (União).

São terrenos de marinha, por lei, certos terrenos próximos ao mar e aos rios navegáveis que pertencem à União (governo federal) e que, se ocupados, com ou sem ordem, devem pagar ao governo federal, uma taxa anual de foreiro. Mas ficam as perguntas: onde estão esses terrenos? Como demarcá-los? Isso não é fácil, pois a histórica lei que deu esses terrenos ao governo federal não tinha como demarcá-los e fixou, sem maiores critérios topográficos, uma faixa de terreno ao longo de todo o país.

A faixa de terrenos de marinha tem largura de 33 m além da preamar (maré alta, em dia de Lua cheia), considerada a maré do ano de 1.831. Fica evidente a dificuldade de fixar os limites desses terrenos.

Esse conceito se aplica também a rios e lagoas de todo o país.

Um critério aproximado para marcar os limites de terrenos litorâneos ou próximos a grandes volumes de água consistiria em esperar por um dia de maré alta e marcar a distância horizontal de 33 m; assim, estariam, de forma aproximada, definidos os limites de terreno de marinha.

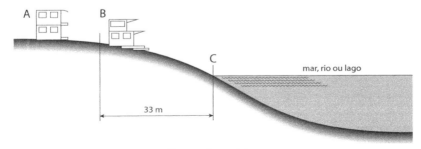

Terreno de marinha.
C: ponto de maré alta em Lua cheia: preamar
A casa B está em terreno de marinha e deve pagar uma taxa anual ao governo federal; além disso, também deve pagar ao município o Imposto Predial e Territorial Urbano (IPTU).
A casa A não está em terreno de marinha e deve pagar somente o IPTU (imposto municipal).

---

[1] Note que usamos a expressão "terrenos de marinha" com inicial minúscula.

Decisões de tribunais

Apelação Cível AC 373.286 ES 2004.50.01.005954 – 5 (TRF2):

ADMINISTRATIVO – TERRENO DE MARINHA – COBRANÇA DE TAXA DE OCUPAÇÃO – OCUPANTE POSSUIDOR DE ESCRITURA PÚBLICA DE DOMÍNIO – INOPONIBILIDADE À UNIÃO:

I. O domínio da União sobre os terrenos de marinha e seus acrescidos é assegurado pela própria Constituição Federal (art. 20, VII, e 49, §3º do ADCT), de forma que a pretensa propriedade invocada pelos autores, decorrente de título indevidamente registrado no Registro de Imóveis, obviamente não poderia ser oposta àquele que detém título consagrado na Lei Maior, podendo o preceito contido em seu art. 5º, XXII, garantidor da propriedade, também ser invocado pelo ente público.

II. É fato notório que o domínio da União sobre os terrenos de marinha e seus acrescidos advém de época remota, sendo a demarcação ato meramente declaratório, e não constitutivo de um direito de propriedade há muito estabelecido.

III. A escritura registrada no Registro Geral de Imóveis possui presunção *iuris tantum*, presumindo-se plena e exclusiva até prova em contrário, a qual se verifica quando se trata de imóveis de propriedade da União.

TRF2 – 16 de maio de 2007 (BRASIL, 2007).

Apelação Cível AC 259276 PB 2001.05.00.026346 – 7 (TRF5):

PROCESSUAL CIVIL E ADMINISTRATIVO. TERRENO DE MARINHA E TERRENO ACRESCIDO DE MARINHA. DECRETO-LEI N. 9.670/46.

O terreno acrescido de marinha difere do terreno de marinha por serem os terrenos que, segundo o art. 3º do Decreto-lei n. 9.670/46, formaram-se, natural ou artificialmente, para o lado do mar ou dos rios e lagos, em seguimento aos terrenos de marinha, integrando ambos o patrimônio da União. – A ocupação de tais terrenos – como a do apelante – implica o pagamento devido ao seu uso, na forma da lei. – Apelo improvido (BRASIL, 2004).

59. Aviventação de rumos

O planeta Terra é envolvido por um enorme campo magnético. Uma agulha de aço imantada devidamente equilibrada apontará suas extremidades para a direção norte-sul magnética.

Tomemos então a orientação para o norte magnético da Terra, que difere do norte geográfico (polo norte) que é determinado pelo eixo de rotação da Terra.

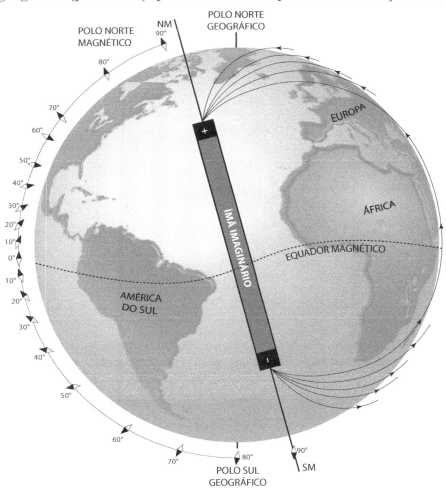

A orientação magnética afasta-se da orientação geográfica com um ângulo inclinado para W (Oeste) constante e sistematicamente a razão de 8' (oito minutos) anualmente.

A Fundação Instituto Brasileiro de Geografia e Estatística (IBGE) tem uma publicação que determina a variação magnética do Brasil em carta com as curvas isogônicas.[1] Portanto, é importante que quando adotado o norte magnético na elaboração de qualquer trabalho de engenharia, seja anotada a data da execução (dia, mês e ano), para que, a qualquer tempo, sejam refeitas as orientações dos alinhamentos e a posição dos imóveis levantados topograficamente.

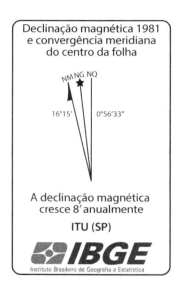

Legenda:

NM: norte magnético

NG: norte geográfico

NQ: norte da quadrícula na projeção UTM

Conhecidos o tempo decorrido e a variação magnética anual para o local, é simples o refazimento das posições originais, o que chamamos de *aviventação de rumos*.

A aviventação de rumos é importante nas ações judiciais envolvendo plantas e escrituras antigas, e também em pesquisas arqueológicas, levantamentos históricos de antigos caminhos e rotas comerciais terrestres e marítimas, e até em questões políticas, resolvendo fronteiras mal definidas em épocas remotas sem recursos tecnológicos.

---

[1] Os mapas magnéticos apresentam as linhas isogônicas, lugar geométrico dos pontos de mesma declinação magnética.

60. A topografia e o Código Civil

O Código Civil é, em princípio, a lei do cidadão, pois regula casamentos, define critérios de paternidade e administra as consequências das mortes e heranças; além de vários outros assuntos, regula também situações de posse, domínio (documentos de propriedade) de terrenos e edificações. O Código Civil é uma lei federal.

Veja a seguir alguns extratos do Código Civil que interessam à agrimensura.

Extratos do Código Civil – Lei Federal n. 10.406 de 10/01/2002.

Art. 500. Se, na venda de um imóvel, se estipular o preço por medida de extensão, ou se determinar a respectiva área, e esta não corresponder, em qualquer dos casos, às dimensões dadas, o comprador terá o direito de exigir o complemento da área, e, não sendo isso possível, o de reclamar a resolução do contrato ou abatimento proporcional ao preço.

§ 1º Presume-se que a referência às dimensões foi simplesmente enunciativa, quando a diferença encontrada não exceder de um vigésimo da área total enunciada, ressalvado ao comprador o direito de provar que, em tais circunstâncias, não teria realizado o negócio.

§ 2º Se em vez de falta houver excesso, e o vendedor provar que tinha motivos para ignorar a medida exata da área vendida, caberá ao comprador, à sua escolha, completar o valor correspondente ao preço ou devolver o excesso (de área).

§ 3º Não haverá complemento de área, nem devolução de excesso, se o imóvel for vendido como coisa certa e discriminada, tendo sido apenas enunciativa a referência às suas dimensões, ainda que não conste de modo expresso, ter sido a venda ad corpus.

[...]

Art. 1.238. Aquele que, por quinze anos, sem interrupção, nem oposição, possuir como seu um imóvel, adquire-lhe a propriedade, independentemente de título e boa-fé; podendo requerer ao juiz usucapião[1] *que assim o declare por sentença, a qual servirá de título para o registro no Cartório de Registro de Imóveis.*

Parágrafo único. O prazo estabelecido neste artigo reduzir-se-á a dez anos se o possuidor houver estabelecido no imóvel a sua moradia habitual, ou nele realizado obras ou serviços de caráter produtivo.

Art. 1.239. Aquele que, não sendo proprietário de imóvel rural ou urbano, possua como sua, por cinco anos ininterruptos, sem oposição, área de terra em zona rural não superior a cinquenta hectares,[2] *tornando-a produtiva por seu trabalho ou de sua família, tendo nela sua moradia, adquirir-lhe-á a propriedade.*

Art. 1.240. Aquele que possuir, como sua, área urbana de até duzentos e cinquenta metros quadrados, por cinco anos ininterruptamente e sem oposição, utilizando-a para sua moradia ou de sua família, adquirir-lhe-á o domínio, desde que não seja proprietário de outro imóvel urbano ou rural.

§ 1º O título de domínio e a concessão de uso serão conferidos ao homem ou à mulher, ou a ambos, independentemente do estado civil.

§ 2º O direito previsto no parágrafo antecedente não será reconhecido ao mesmo possuidor mais de uma vez.

Art. 1.241. Poderá o possuidor requerer ao juiz que seja declarada adquirida, mediante usucapião,[3] *a propriedade imóvel.*

Parágrafo único. A declaração obtida na forma deste artigo constituirá título hábil para o registro no Cartório de Registro de Imóveis.

---

[1] Todo aquele que ocupa por anos mansa e tranquilamente um terreno rural ou urbano (com dimensões limitadas) mas não tem documento de posse, tem o direito de solicitar ao poder público (judiciário) que reconheça que o terreno ou a área passe a lhe pertencer e de receber o documento de propriedade do lote. Para solicitar o pedido ao poder judiciário é necessário cumprir uma série de exigências, entre as quais a definição do limite do lote/gleba. Entra, nesse momento, o profissional de topografia, preparando laudos e desenho do lote em questão.

[2] 1 ha = 10.000 m^2.

[3] Usucapião: instrumento jurídico para que um posseiro de longo tempo fique formalmente proprietário da área que ocupa.

Art. 1.242. Adquire também a propriedade do imóvel aquele que, contínua e incontestadamente, com justo título e boa-fé, o possuir por dez anos.

Parágrafo único. Será de cinco anos o prazo previsto neste artigo se o imóvel houver sido adquirido, onerosamente, com base no registro constante do respectivo cartório, cancelado posteriormente, desde que os possuidores nele tiverem estabelecido a sua moradia, ou realizado investimentos de interesse social e econômico.

Art. 1.243. O possuidor pode, para o fim de contar o tempo exigido pelos artigos antecedentes, acrescentar à sua posse a dos seus antecessores (art. 1.207), contanto que todas sejam contínuas, pacíficas e, nos casos do art. 1.242, com justo título e de boa-fé.

Art. 1.244. Estende-se ao possuidor o disposto quanto ao devedor acerca das causas que obstam, suspendem ou interrompem a prescrição, as quais também se aplicam à usucapião.

Seção II
Da Aquisição pelo Registro do Título

Art. 1.245. Transfere-se entre vivos a propriedade mediante o registro do título translativo[4] no Registro de Imóveis.

§ 1º Enquanto não se registrar o título translativo, o alienante continua a ser havido como dono do imóvel.

§ 2º Enquanto não se promover, por meio de ação própria, a decretação de invalidade do registro, e o respectivo cancelamento, o adquirente continua a ser havido como dono do imóvel.

Art. 1.246. O registro é eficaz desde o momento em que se apresentar o título ao oficial do registro, e este o prenotar no protocolo.

Art. 1.247. Se o teor do registro não exprimir a verdade, poderá o interessado reclamar que se retifique ou anule.

Parágrafo único. Cancelado o registro, poderá o proprietário reivindicar o imóvel, independentemente da boa-fé ou do título do terceiro adquirente.

---

[4] Título translativo: pertinente à modificação da titularidade de direitos ou propriedade de coisa.

Seção III

Da Aquisição por Acessão[5]

Art. 1.248. *A acessão pode dar-se:*

I – por formação de ilhas;
II – por aluvião;
III – por avulsão;[6]
IV – por abandono de álveo;[7]
V – por plantações ou construções.

Subseção I

Das Ilhas

Art. 1.249. *As ilhas que se formarem em correntes comuns ou particulares pertencem aos proprietários ribeirinhos fronteiros, observadas as regras seguintes:*

I – as que se formarem no meio do rio consideram-se acréscimos sobrevindos aos terrenos ribeirinhos fronteiros de ambas as margens, na proporção de suas testadas, até a linha que dividir o álveo em duas partes iguais;

II – as que se formarem entre a referida linha e uma das margens consideram-se acréscimos aos terrenos ribeirinhos fronteiros desse mesmo lado;

III – as que se formarem pelo desdobramento de um novo braço do rio continuam a pertencer aos proprietários dos terrenos à custa dos quais se constituíram.

Subseção II

Da Aluvião

Art. 1.250. *Os acréscimos formados, sucessiva e imperceptivelmente, por depósitos e aterros naturais ao longo das margens das correntes, ou pelo desvio das águas destas, pertencem aos donos dos terrenos marginais, sem indenização.*

Parágrafo único. O terreno aluvial, que se formar em frente de prédios de proprietários diferentes, dividir-se-á entre eles, na proporção da testada de cada um sobre a antiga margem.

---

[5] Acessão = acréscimo.

[6] Avulsão: retirada ou separação, por ação da natureza, de trecho de terreno.

[7] Álveo: superfície natural de um corpo de água.

Art. 1.251. Quando, por força natural violenta, uma porção de terra se destacar de um prédio e se juntar a outro, o dono deste adquirirá a propriedade do acréscimo, se indenizar o dono do primeiro ou, sem indenização, se, em um ano, ninguém houver reclamado.

> *Parágrafo único. Recusando-se ao pagamento de indenização, o dono do prédio a que se juntou a porção de terra deverá aquiescer a que se remova a parte acrescida.*

Subseção IV

Do Álveo Abandonado

Art. 1.252. O álveo abandonado de corrente pertence aos proprietários ribeirinhos das duas margens, sem que tenham indenização os donos dos terrenos por onde as águas abrirem novo curso, entendendo-se que os prédios marginais se estendem até o meio do álveo.

Subseção V

Das Construções e Plantações

Art. 1.253. Toda construção ou plantação existente em um terreno presume-se feita pelo proprietário e à sua custa, até que se prove o contrário.

Art. 1.254. Aquele que semeia planta ou edifica em terreno próprio com sementes, plantas ou materiais alheios, adquire a propriedade destes; mas fica obrigado a pagar-lhes o valor, além de responder por perdas e danos, se agiu de má-fé.

Art. 1.255. Aquele que semeia planta ou edifica em terreno alheio perde, em proveito do proprietário, as sementes, plantas e construções; se procedeu de boa-fé, terá direito a indenização.

> *Parágrafo único. Se a construção ou a plantação exceder consideravelmente o valor do terreno, aquele que, de boa-fé, plantou ou edificou, adquirirá a propriedade do solo, mediante pagamento da indenização fixada judicialmente, se não houver acordo.*

[...]

Das Árvores Limítrofes

Art. 1.282. A árvore, cujo tronco estiver na linha divisória, presume-se pertencer em comum aos donos dos prédios confinantes.

Art. 1.283. As raízes e os ramos de árvore, que ultrapassarem a estrema do prédio, poderão ser cortados, até o plano vertical divisório, pelo proprietário do terreno invadido.

Art. 1.284. Os frutos caídos de árvore do terreno vizinho pertencem ao dono do solo onde caíram, se este for de propriedade particular.

Seção III

Da Passagem Forçada

Art. 1.285. O dono do prédio que não tiver acesso a via pública, nascente ou porto, pode, mediante pagamento de indenização cabal, constranger (obrigar) o vizinho a lhe dar passagem, cujo rumo será judicialmente fixado, se necessário.

§ 1º Sofrerá constrangimento o vizinho cujo imóvel mais natural e facilmente se prestar à passagem.

§ 2º Se ocorrer alienação parcial do prédio, de modo que uma das partes perca o acesso a via pública, nascente ou porto, o proprietário da outra deve tolerar a passagem.

§ 3º Aplica-se o disposto no parágrafo antecedente ainda quando, antes da alienação, existia passagem através de imóvel vizinho, não estando o proprietário deste constrangido, depois, a dar uma outra.

Seção IV

Da Passagem de Cabos e Tubulações

Art. 1.286. Mediante recebimento de indenização que atenda, também, à desvalorização da área remanescente, o proprietário é obrigado a tolerar a passagem, através de seu imóvel, de cabos, tubulações e outros condutos subterrâneos de serviços de utilidade pública, em proveito de proprietários vizinhos, quando de outro modo for impossível ou excessivamente onerosa.

Parágrafo único. O proprietário prejudicado pode exigir que a instalação seja feita de modo menos gravoso ao prédio onerado, bem como, depois, seja removida, à sua custa, para outro local do imóvel.

Art. 1.287. Se as instalações oferecerem grave risco, será facultado ao proprietário do prédio onerado exigir a realização de obras de segurança.

Seção V

Das Águas

Art. 1.288. O dono ou o possuidor do prédio inferior é obrigado a receber as águas que correm naturalmente do superior, não podendo realizar obras que embaracem o seu fluxo; porém a condição natural e anterior do prédio inferior não pode ser agravada por obras feitas pelo dono ou possuidor do prédio superior.

Art. 1.289. Quando as águas, artificialmente levadas ao prédio superior, ou aí colhidas, correrem dele para o inferior, poderá o dono deste reclamar que se desviem, ou que se lhe indenize o prejuízo que sofrer.

Parágrafo único. Da indenização será deduzido o valor do benefício obtido.

Art. 1.290. O proprietário de nascente, ou do solo onde caem águas pluviais, satisfeitas as necessidades de seu consumo, não pode impedir, ou desviar o curso natural das águas remanescentes pelos prédios inferiores.

Art. 1.291. O possuidor do imóvel superior não poderá poluir as águas indispensáveis às primeiras necessidades da vida dos possuidores dos imóveis inferiores; as demais, que poluir, deverá recuperar, ressarcindo os danos que estes sofrerem, se não for possível a recuperação ou o desvio do curso artificial das águas.

Art. 1.292. O proprietário tem direito de construir barragens, açudes, ou outras obras para represamento de água em seu prédio; se as águas represadas invadirem prédio alheio, será o seu proprietário indenizado pelo dano sofrido, deduzido o valor do benefício obtido.

Art. 1.293. É permitido a quem quer que seja, mediante prévia indenização aos proprietários prejudicados, construir canais, através de prédios alheios, para receber as águas a que tenha direito, indispensáveis às primeiras necessidades.

[...]

Dos Limites entre Prédios e do Direito de Tapagem

Art. 1.297. O proprietário tem direito a cercar, murar, valar ou tapar de qualquer modo o seu prédio, urbano ou rural, e pode constranger o seu confinante a proceder com ele à demarcação entre os dois prédios, a aviventar[8] rumos apagados e a renovar marcos destruídos ou arruinados, repartindo-se proporcionalmente entre os interessados as respectivas despesas.

§ 1º Os intervalos, muros, cercas e os tapumes divisórios, tais como sebes vivas, cercas de arame ou de madeira, valas ou banquetas, presumem-se, até prova em contrário, pertencer a ambos os proprietários confinantes, sendo estes obrigados, de conformidade com os costumes da localidade,[9] a concorrer, em partes iguais, para as despesas de sua construção e conservação.

§ 2º As sebes vivas, as árvores, ou plantas quaisquer, que servem de marco divisório, só podem ser cortadas, ou arrancadas, de comum acordo entre proprietários.

§ 3º A construção de tapumes especiais para impedir a passagem de animais de pequeno porte, ou para outro fim, pode ser exigida de quem provocou a necessidade deles, pelo proprietário, que não está obrigado a concorrer para as despesas.

Art. 1.298. Sendo confusos os limites, em falta de outro meio, se determinarão de conformidade com a posse justa; e, não se achando ela provada, o terreno contestado se dividirá por partes iguais entre os prédios, ou, não sendo possível a divisão cômoda, se adjudicará a um deles, mediante indenização ao outro.

[...]

Art. 1.301. É defeso (proibido) abrir janelas, fazer eirado, terraço ou varanda a menos de um metro e meio do terreno vizinho.[10]

[...]

Art. 1.305. O confinante, que primeiro construir, pode assentar a parede divisória até meia espessura no terreno contíguo, sem perder por isso o direito a haver meio valor dela se o vizinho a travejar,[11] caso em que o primeiro fixará a largura e a profundidade do alicerce.

Parágrafo único. Se a parede divisória pertencer a um dos vizinhos, e não tiver capacidade para ser travejada pelo outro, não poderá este fa-

---

[8] Aviventar: fazer renascer, renovar o marco.

[9] O código civil reconhece que, por causa da grande área do Brasil, existem diversos hábitos e culturas locais.

[10] Opinião dos autores deste livro: estando o terreno vizinho ocupado ou não.

[11] Travejar: pôr traves em.

zer-lhe alicerce ao pé sem prestar caução àquele, pelo risco a que expõe a construção anterior.

Art. 1.306. O condômino da parede-meia pode utilizá-la até ao meio da espessura, não pondo em risco a segurança ou a separação dos dois prédios, e avisando previamente o outro condômino das obras que ali tenciona fazer; não pode sem consentimento do outro, fazer, na parede-meia, armários, ou obras semelhantes, correspondendo a outras, da mesma natureza, já feitas do lado oposto.

Art. 1.307. Qualquer dos confinantes pode altear a parede divisória, se necessário reconstruindo-a, para suportar o alteamento; arcará com todas as despesas, inclusive de conservação, ou com metade, se o vizinho adquirir meação também na parte aumentada.

Art. 1.308. Não é lícito encostar à parede divisória chaminés, fogões, fornos ou quaisquer instrumentos ou depósitos suscetíveis de produzir infiltrações ou interferências prejudiciais ao vizinho.

Parágrafo único. A disposição anterior não abrange as chaminés ordinárias e os fogões de cozinha.

Art. 1.309. São proibidas construções capazes de poluir, ou inutilizar, para uso ordinário, a água do poço, ou nascente alheia, a elas preexistentes.

Art. 1.310. Não é permitido fazer escavações ou quaisquer obras que tirem ao poço ou à nascente de outrem a água indispensável às suas necessidades normais.

Art. 1.311. Não é permitida a execução de qualquer obra ou serviço suscetível de provocar desmoronamento ou deslocação de terra, ou que comprometa a segurança do prédio vizinho, senão após haverem sido feitas as obras acautelatórias.

Parágrafo único. O proprietário do prédio vizinho tem direito a ressarcimento pelos prejuízos que sofrer, não obstante haverem sido realizadas as obras acautelatórias.

Art. 1.312. Todo aquele que violar as proibições estabelecidas nesta Seção é obrigado a demolir as construções feitas, respondendo por perdas e danos.

Art. 1.313. O proprietário ou ocupante do imóvel é obrigado a tolerar que o vizinho entre no prédio, mediante prévio aviso, para:

I – Dele temporariamente usar, quando indispensável à reparação, construção, reconstrução ou limpeza de sua casa ou do muro divisório;

II – Apoderar-se de coisas suas, inclusive animais que aí se encontrem casualmente.

§ 1º O disposto neste artigo aplica-se aos casos de limpeza ou reparação de esgotos, goteiras, instrumentos higiênicos, poços e nascentes e ao aparo de cerca viva.

§ 2º Na hipótese do inciso II, uma vez entregues as coisas buscadas pelo vizinho, poderá ser impedida a sua entrada no imóvel.

§ 3º Se do exercício do direito assegurado neste artigo provier dano, terá o prejudicado direito a ressarcimento.

[...]

Seção II

Do Condomínio Necessário

Art. 1.327. O condomínio por meação de paredes, cercas, muros e valas regula-se pelo disposto neste Código (arts. 1.297 e 1.298; 1.304 a 1.307).

Art. 1.328. O proprietário que tiver direito a estremar um imóvel com paredes, cercas, muros, valas ou valados, tê-lo-á igualmente a adquirir meação na parede, muro, valado ou cerca do vizinho, embolsando-lhe metade do que atualmente valer a obra e o terreno por ela ocupado (art. 1.297).

Art. 1.329. Não convindo os dois no preço da obra, será este arbitrado por peritos, a expensas de ambos os confinantes.

Art. 1.330. Qualquer que seja o valor da meação, enquanto aquele que pretender a divisão não o pagar ou depositar, nenhum uso poderá fazer na parede, muro, vala, cerca ou qualquer outra obra divisória.

[...]

CAPÍTULO VII – TÍTULO IV

Da Superfície

Art. 1.369. O proprietário pode conceder a outrem o direito de construir ou de plantar em seu terreno, por tempo determinado, mediante escritura pública devidamente registrada no Cartório de Registro de Imóveis.

Parágrafo único. O direito de superfície não autoriza obra no subsolo, salvo se for inerente ao objeto da concessão.

Art. 1.370. A concessão da superfície será gratuita ou onerosa; se onerosa, estipularão as partes se o pagamento será feito de uma só vez, ou parceladamente.

Art. 1.371. O superficiário[12] responderá pelos encargos e tributos que incidirem sobre o imóvel.

Art. 1.372. O direito de superfície pode transferir-se a terceiros e, por morte do superficiário, aos seus herdeiros.

Parágrafo único. Não poderá ser estipulado pela concedente, a nenhum título, qualquer pagamento pela transferência.

Art. 1.373. Em caso de alienação do imóvel ou do direito de superfície, o superficiário ou o proprietário tem direito de preferência, em igualdade de condições.

Art. 1.374. Antes do termo final, resolver-se-á a concessão se o superficiário der ao terreno destinação diversa daquela para o que foi concedida.

Art. 1.375. Extinta a concessão, o proprietário passará a ter a propriedade plena sobre o terreno, construção ou plantação, independentemente de indenização, se as partes não houverem estipulado o contrário.

Art. 1.376. No caso de extinção do direito de superfície em consequência de desapropriação, a indenização cabe ao proprietário e ao superficiário, no valor correspondente ao direito real de cada um.

Art. 1.377. O direito de superfície, constituído por pessoa jurídica de direito público interno, rege-se por este código, no que não for diversamente disciplinado em lei especial (BRASIL, 2002).

---

[12] Superficiário: direito da superfície entre particulares.

Nota explicativa

O código civil define direitos e deveres dos cidadãos, já o código de processo civil regula os caminhos jurídicos para se usar o código civil.

61. A topografia, as fronteiras e os limites estaduais, municipais e distritais

Uma das funções do agrimensor (topógrafo, tecnólogo, cartógrafo, engenheiro civil, arquiteto) é definir limites no campo (com marcos de grande volume e peso) e preparar mapas com desenhos, mostrando as separações entre países, estados e municípios.

Usam-se as seguintes nomenclaturas:

- fronteira: linha de separação entre países;
- limites: linhas de separação entre estados de um mesmo país e de separação entre municípios e distritos.

Para delimitar fronteiras e limites na legislação de um país e nos tratados internacionais, usam-se, normalmente, como referência:

- cursos de água;
- topos de morros (divisores de águas);
- linhas geográficas, que são linhas abstratas a partir de um ponto bem definido e, a partir daí, prosseguir com um rumo ou azimute (ângulo) bem definido até o local desejado como ponto final. No caso de linhas geográficas, os países procuram criar marcos de grande volume e peso, delimitando seu território.

Exemplo:

A fronteira entre o Brasil e a Guiana é estabelecida pelo rio Oiapoque. Os limites entre os estados de São Paulo e Minas Gerais são, em parte, o topo de uma região, situação definida por leis federais. Por absoluta falta de dados geográficos na época para os limites entre o Amazonas e o Pará, foram utilizadas linhas geográficas. Há outros estados nessa mesma situação.

Caro leitor, pegue um atlas e confira essa curiosidade:

Na África e na região desértica, as fronteiras são linhas geográficas, como as fronteiras entre Argélia e Mali, pois, em desertos, com suas tempestades de areia, pontos de referência físicos (marcos) são difíceis de implantar e manter visíveis.

Quando a fronteira entre dois países é um rio, o limite real costuma ser o talvegue do rio, ou seja, a linha de maior profundidade desse rio. Não se pense que isso é pouco importante. Direitos de pesca podem ser muito importantes, e conhecer as fronteiras passa a ser importante. Restrições à pesca de determinados peixes podem existir no lado de um país e não existir do outro lado, no outro país. Restrições ambientais também podem ser diferentes, dependendo de cada país.

A ilha de Trindade, administrada pela Marinha do Brasil, mas fazendo parte dos limites do estado do Espírito Santo, quase nos foi tirada pela Inglaterra. Depois retomamos a posse, foi colocado ali um enorme marco de concreto. Hoje, a Marinha de Guerra tem lá um posto de medidas atmosféricas.

Quando o limite é um rio, fica a dúvida: no caso de um afluente, quem é afluente e quem é o rio principal? Duas regras podem ser usadas:

- o afluente é o rio de menor vazão média;
- o afluente é o rio de menor extensão.

Cabe aos agrimensores, agora com o uso de fotografias aéreas e de satélites, colocar marcos para definir propriedades.

Um desconhecimento de limites claros pode gerar problemas de dupla cobrança de impostos estaduais ou municipais, bem como a dúvida de onde devemos procurar registro de pessoas e outros atos da vida civil.

Muitas vezes, o rio é o limite entre dois municípios ou mesmo a fronteira entre países. Mas, numa bifurcação de rios, qual é o curso de água principal e que define os limites? Há casos de rios com menor extensão que possuem vazões (caudais) maiores do que outros rios de maior extensão. É o caso de rios que sofrem a adição de águas de degelo. No Brasil, os rios que nascem na Bolívia recebem degelo dos Andes e, depois, chegam ao rio Amazonas como seus afluentes.

E, por incrível que pareça, existe, ainda hoje, uma pendência mais que centenária de limites entre os estados do Piauí e do Ceará. Veja a seguir um texto retirado do site <www.muraldavila.com.br>, publicado em 21 de março de 2009.

A disputa territorial entre os estados do Piauí e o do Ceará mais uma vez volta à tona das discussões do cenário político. Um problema que remonta a mais de um século entre os dois estados está causando prejuízos, tanto aos piauienses quanto aos cearenses.

Amanhã uma comissão da Assembleia Legislativa do Piauí e uma do Ceará irão se reunir para tratar do assunto. A área de litígio em questão é muito mais extensa e começa ainda no extremo norte, envolvendo o município de Cocal, no Piauí, e Viçosa, no Ceará. Ao longo de toda a faixa leste do Piauí, na divisa com o Ceará, existem conflitos, muitos deles envolvendo grandes áreas extensas e com a população atônita sem saber a que estado pertence.

[...] Conforme estimativa do Instituto Brasileiro de Geografia e Estatística (IBGE), o problema afeta, pelo menos, 8 mil pessoas apenas entre as recenseadas para o Ceará. A área abrange cerca de 321 mil hectares.

A fim de facilitar a operacionalização do Censo de 2010, o IBGE estabeleceu o prazo até agosto de 2009 para que indefinições de limites e divisas sejam solucionadas. Os deputados dos dois estados vão discutir as questões sobre a área.

A área demarcada em registros oficiais do IBGE e dos dois estados envolvem 13 municípios cearenses – Granja, Viçosa do Ceará, Tianguá, Ubajara, Ibiapina, São Benedito, Carnaubal, Guaraciaba do Norte, Croatá, Ipueiras, Poranga, Ipaporanga e Crateús – e sete piauienses – Luís Correia, Cocal, Cocal dos Alves, São João da Fronteira, Domingos Mourão, Pedro II e Buriti dos Montes.

À parte a cartografia, também há contestação de divisas nos municípios de Parambu e Novo Oriente, no Ceará, e São Miguel do Tapuio, Assunção do Piauí, Pimenteiras e Pio IX, no estado vizinho. De acordo com o chefe da unidade estadual do IBGE, o problema persiste pela falta de uma legislação federal que defina as divisas entre estados.

Notas

1. Há que se diferenciar discussão técnica de fronteiras e posse territorial de uma região. A cidade de Olivença, na Espanha, ainda hoje é foco de discussão entre Portugal e Espanha (Galícia), já que um país não reconhece a soberania do outro quanto à cidade. O problema não é de limites e sim de posse de uma região por um Estado mais forte e a aceitação (!) por um país mais fraco.

2. Quem vai à cidade de Osasco, no estado de São Paulo, pela avenida Corifeu de Azevedo Marques, no município de São Paulo, nota que a numeração dos lotes e prédios vai aumentando até chegar perto do topo de uma pequena montanha urbana e, em determinado ponto, a avenida Corifeu de Azevedo Marques deixa de ter esse nome e passa a se chamar avenida dos Autonomistas. Esse ponto é a divisa entre os municípios de São Paulo e Osasco. Osasco foi, no passado, um distrito do município de São Paulo. Nos anos 1950, um grupo de moradores de Osasco lutou pela autonomia desse distrito, que virou município, e os que lutaram pela autonomia de Osasco

foram homenageados com a denominação de uma das avenidas mais importantes com o nome: avenida dos Autonomistas.

Exemplo de descrição dos limites de um município em 1918:

LEI ESTADUAL N.1.610, DE 3 DE DEZEMBRO DE 1918

Cria o município de Altinópolis, na comarca de Batataes (São Paulo).

O Dr. Jorge Tibiriçá, Presidente do Senado de São Paulo. Faço saber que o Congresso Legislativo decretou, e, eu promulgo, de accôrdo com os artigos 24 e 25, da Constituição do Estado, a lei seguinte:

Artigo 1.º – Fica criado o município de Altinópolis, no actual districto de paz de Matto Grosso de Batataes, da comarca de Batataes.

Artigo 2.º – As divisas do município de Altinópolis serão as seguintes: Começam no rio Sapucahy (limite do município da Batataes, com o de Patrocinio de Sapucahy), onde nelle faz barra o córrego dos Coxos; sobem por este córrego até a barra do córrego do Cipó e por este acima até á sua cabeceira; e desta, em rumo, á barra do córrego do Sucury. No ribeirão da Paciencia (tambem conhecido por Campo Redondo); por este acima, até á barra do córrego do Diamante, e por este acima até a sua cabeceira e pela baixada acima até ao espigão, e por este espigão (divisor das aguas do corrego de Monjolinho das do corrego da Pontinha) acima, até encontrar o espigão divisor das aguas do Monjolinho das do corrego Arraial Velho; por este espigão seguem até ao ponto que fica em frente á cabeceira do córrego do Cafezal, da fazenda Cachoeira; desse ponto, seguem em rumo á cabeceira deste corrego e descem por elle até á sua barra no ribeirão dos Batataes; descem por este até a barra do córrego Cascavel, e sobem por este até a confluência de duas nascentes que formam a sua cabeceira; desta confluência, seguem em rumo a estrada de Batataes a Matto Grosso de Batataes, em um mata-burro (em frente á casa em que, na fazenda do Jatobá, Manoel Cesario de Campos, teve negocio); deste ponto seguem em rumo ao canto do terreiro de seccar café na fazenda São Roque; desse ponto, deixando o terreiro á direita, seguem em rumo a uma cachoeira no corrego da Matta (ponto esse donde sai o rego de agua para o moinho de fubá, da fazenda São Roque); desta cachoeira, descem pelo corrego, até onde nelle faz barra o córrego da fazenda São Roque; desta barra, seguem em rumo ao cume de um morro (que fica á direita da estrada que da fazenda Baguassú vai á fazenda Sellado); deste morro, seguem á direita, sempre pelo espigão, á porta da Serra (divisoria das aguas do corrego do Sellado das do corrego da Matta); seguem depois pelo cume da serra até encontrar o espigão divisor das aguas do corrego Sellado das do ribeirão da Pratinha; continuam por este espigão até ao seu ponto terminal, que é na barra do corrego do Sellado, com o ribeirão da Pratinha; descem por este até a barra do ribeirão dos Fradinhos, ponto de divisa dos municípios de Batataes, Cajurú e Brodowski; desta barra, seguem pelas divisas dos municípios de Cajurú e Santo Antônio da Alegria, pelas do Estado de Minas e pelas do municipio de Patrocinio de Sapucahy, até o ponto em que tiveram começo.

Artigo 3.º – Revogam-se as disposições em contrário. O Secretário de Estado dos Negócios do Interior assim a faça executar. Senado do Estado de São Paulo, 3 de Dezembro de 1918. Jorge Tibiriçá, presidente. Publicada na Secretaria do Senado de São Paulo, aos 3 de Dezembro de 1918. O director, Bento Ezequiel Sáes.

Curiosidade

Num passado distante (começo do século XX), existiam Senados Estaduais e o chefe do executivo estadual tinha o título de presidente.

62. Topografia legal: ajustando propriedades imobiliárias: termos jurídicos e perícias

É muito comum, principalmente nas áreas rurais, disputas por limites de propriedades das glebas e cercas que delimitam as propriedades rurais. Dizem que uma das funções de um dono de uma fazenda é percorrer, mensalmente, os limites de sua propriedade rural, verificando e fotografando os seus limites, muros e cercas, pois podem acontecer:

- derrubada de cerca por chuvas ou pelo gado;
- derrubada de cerca por ação de vizinho, que avança de pouquinho em pouquinho sobre a sua área;
- outros motivos.

Uma cerca deixada em lugar errado pode, com o tempo, gerar direitos.[1]

A vantagem de ter um grande terreno levantado por um agrimensor e depois registrado num cartório de registro de imóveis é que, com essa ação, os limites ficam definitivos. Um cartório de registro de imóveis só fará averbação (registro) de indicação de novos limites se isso provier de:

- acordo por escrito dos proprietários lindeiros (vizinhos com limites em comum). É como se fosse uma escritura, incluindo as formalidades de uma escritura;
- decisão judicial irreversível.

Quando os vizinhos não chegam a um acordo e há disputa de limites de áreas, surge uma questão jurídica que um juiz de direito terá que decidir, e ele, normal-

---

[1] Os limites do Brasil eram originalmente definidos a partir do Tratado de Tordesilhas, que dividiu as terras da América entre Portugal e Espanha. Como houve invasões de bandeiras portuguesas-brasileiras em territórios espanhóis, os limites desse tratado foram violentados e, hoje, temos boa parte do país fora dos limites do tratado original. Foi feito um acordo com a Espanha baseado no princípio do *utis possidetis*, ou seja, quem usa possui, uma versão antiga de usucapião.

mente, utiliza o serviço de um perito, profissional judicialmente indicado e, com base em documentos, inspeção do local e depoimento de testemunhas, definirá, da melhor forma que puder, os limites das propriedades. Se o juiz concordar com a opinião do perito, nasce uma sentença, que é lei e poderá ser inscrita (ou seja, averbada) no cartório de registro de imóveis.

O Tratado de Tordesilhas (cidade espanhola) foi firmado em 1494, antes, portanto, da descoberta da América e do Brasil. Essa antecedência às descobertas é uma das desconfianças de que essas terras já eram conhecidas e o Tratado apenas formalizou a divisão dessas áreas entre Portugal e Espanha.

O mapa a seguir mostra o traçado aproximado dos limites do Tratado de Tordesilhas. São pontos de referência a atual Belém do Pará e Laguna, em Santa Catarina. À esquerda da linha, era a área para a Espanha, e à direita, era a área para Portugal.

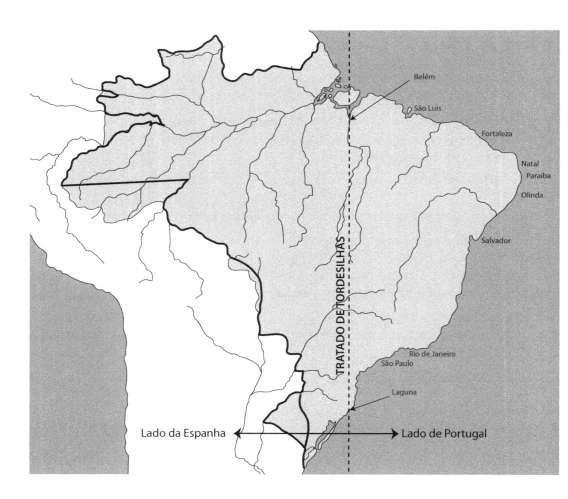

Vejamos agora alguns termos jurídicos:

- causídico: advogado;
- alcaide: prefeito;
- juiz de direito: funcionário público, obrigatoriamente advogado, admitido por concurso, que julga pendências jurídicas;
- desembargador: juiz de direito que, depois de anos de trabalho, é elevado a desembargador, somente julgando recursos;
- código civil: lei federal que regula a vida do cidadão no tocante ao registro de nascimento, celebração de casamentos, registro de óbitos, compra e venda de propriedades, heranças etc.;
- código de processo civil: regula a aplicação do ordenamento jurídico do Código Civil;[2]
- cartório de notas: local onde se fazem escrituras, doações, testamentos etc.;
- cartório de registro de imóveis: local onde se registra o imóvel e seu proprietário;
- cartório de registro civil: local onde se registram nascimentos, casamentos e mortes;
- liminar: decisão inicial, sujeita a ser revista;
- escritura definitiva: documento final da compra de um móvel;
- confrontantes: vizinhos que têm, pelo menos, um lado comum;
- ação cominatória: ação que obriga a fazer algo;
- perito judicial: especialista que auxilia um juiz a dar uma sentença. O perito pode ser agrimensor, engenheiro, arquiteto, músico etc. É escolhido pelo juiz;
- assistente técnico: o mesmo que perito judicial, mas atuando como assessor de uma das partes de uma disputa jurídica;
- peritagem: trabalho de um perito que auxilia a um juiz num assunto técnico;
- município: área territorial, sendo uma divisão administrativa urbana; possui governo e jurisdição próprios. Tem prefeito e vereadores;
- distrito: tipo de divisão administrativa municipal, administrada por um governo local indicado pelo prefeito do município a que pertence;
- comarca: cada circunscrição judiciária de um estado;

---

[2] Entrou em vigor em março de 2016 (Lei Federal n. 13.105 de 16 de março de 2015).

- estado: em uma área territorial delimitada é uma entidade com poder soberano para governar um povo. Tem governador e deputados estaduais;
- tribunal: órgão colegiado constituído, principalmente, de juízes cuja finalidade é exercer a jurisdição, ou seja, resolver litígios com eficácia.

Nota curiosa

No passado, havia a figura do juiz de paz atuando em áreas rurais e tomando decisões sobre casos simples. Com o tempo, esse juiz foi perdendo suas funções, passando, nos dias de hoje, a somente celebrar casamentos, tendo sua denominação sido alterada para juiz de casamentos.

Nota

Cada estado, independentemente do seu número de habitantes, elege três senadores, cada um com mandato de 8 anos.

63. Interpretação topográfica dos limites de propriedade rural (sítio) como indicado na sua escritura

Um topógrafo foi chamado a fazer a planta topográfica de um sítio (de nome, digamos, sítio Santana) que ia ser loteado em pequenas chácaras e, para isso, precisava de um documento registrado no cartório de registro de imóveis da cidade, definindo com clareza (topograficamente) seus limites. Como havia algumas imprecisões na escritura então existente, a solução do dono do sítio foi fazer um acordo com os vizinhos lindeiros (vizinhos que têm limites em comum) para esclarecer as dúvidas. Os limites do sítio eram então somente definidos por cercas de mourões e tradição oral, além da velha escritura. Vejamos, de forma resumida, o que dizia a escritura do sítio Santana. O texto da escritura está em itálico e com parágrafo próprio. Ver figura.

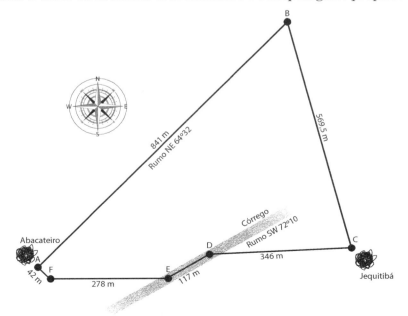

O *sítio Santana localiza-se na estrada do Alvim, patrimônio*[1] *do Cesar, no município de Novo Santo Antônio da Colina, São Paulo.*

O sítio começa em local à altura do km 17 da estrada municipal do Alvim em ponto A junto a um abacateiro de grande porte. O vizinho da direita é o sr. Luiz Frias ou, sucessores, o vizinho da esquerda é o sr. Mario Flores ou, sucessores, e o vizinho do fundo é a viúva Dolores Carmen e filhos ou, sucessores.

Não havia dúvida entre os vizinhos sobre o ponto A, apesar de o abacateiro não mais existir. O que definia o limite do lote era a cerca que chegava até a estrada definindo o ponto A. O topógrafo definiu, com a ajuda de um aparelho GPS, a latitude e longitude do ponto A.

O limite da propriedade avança do ponto A num traçado reto com rumo de NE 64° 32' por uma extensão de 841 m, chegando ao ponto B.

Sem dificuldades, o ponto B foi demarcado, sempre lembrando que a distância de 841 m foi medida na horizontal. O vizinho da esquerda reclamou, pois achava que a medida de 841 m devia seguir e considerar duas pequenas depressões no trecho AB, mas foi informado que dados de topografia medem distâncias horizontais, sem levar em conta depressões; isso foi aceito.

Do ponto B, a linha reta demarcatória segue até um jequitibá ponto C com extensão de 569,5 m.

O jequitibá fora cortado há tempos (sem licença do Ibama) pelo fato de ter sido atacado por praga. Não havendo a árvore jequitibá, nem indicação de azimute que tudo definiria, foi feito um acordo com o vizinho do fundo, para evitar escavações para localizar os restos enterrados das raízes da antiga árvore.

Do ponto C, segue-se com rumo SW 72° 10' até alcançar a margem direita do córrego Timbuira até o ponto D, distante 346 m.

Na cidade, não havia uma definição formal (oficial) de nomes dos rios que cortavam o município, mas a localização do córrego nas imediações da capela de

---

[1] Patrimônio: local, origem do local (vila, lugarejo, "venda", capela, entre outros), bairro.

São Francisco do Timbuira, com festa anual em 29 de março de cada ano, definia consuetudinariamente (hábitos locais não escritos) o local e o nome do rio.

Margem direita: é a margem à direita de quem olha o rio de um ponto alto (montante) para o sentido de descida desse rio (jusante).

O ponto D ficou definido. Vamos definir o ponto E.

O ponto E dista do ponto D 117 m seguindo a linha do rio.

Acontece que o córrego corre em terreno arenoso e, por vezes, sai do seu leito e cria um novo leito próximo, uns 2 m do primeiro leito. A solução foi definir topograficamente o ponto E, permanecendo na nova escritura que o limite entre os dois sítios era o leito do córrego (seu talvegue, ou seja, sua linha mais profunda), pois se criássemos a linha DE como limite, por vezes a margem direita poderia, em épocas de pós-enchente, ficar de um lado e, em outra época pós-enchente, ficar do outro lado.

A partir do ponto E, o limite é um trecho de reta com 278 m seguindo de E com o rumo SE 38° 22' até definir o ponto F.

A partir do ponto F, seguem os limites num trecho de 42 m com rumo SE 41° 40' até alcançar a estrada do Alvim, no ponto A.

Seguindo os dados anteriormente definidos, o desenho foi feito, e todos os proprietários lindeiros assinaram o acordo de limites, que foi registrado no cartório de registro de imóveis.

Notas

1. Sem falar a ninguém, o topógrafo mediu longitude e latitude do ponto G para verificar a precisão do levantamento. A discrepância dos dados do ponto G, a partir do GPS, e em relação ao levantamento topográfico feito foi desprezível e, portanto, o levantamento foi entregue e finalizado.

2. Embora não solicitado pelo cliente, além do levantamento planialtimétrico, foi feito o levantamento de níveis dos limites e de alguns (cinco) pontos singulares do terreno.

3. Como não havia uma referência de nível oficial e o GPS determina altitudes de um ponto com precisão, foi adotado como referência o nível

arbitrário 100 m no ponto X, do piso do degrau mais alto da escada de acesso da pequena sede (edificação) do sítio.

4. O levantamento topográfico foi acompanhado por fotos que não foram enviadas ao cartório, mas simplesmente enviadas aos proprietários lindeiros.

5. Em todos os pontos do limite (vértices da poligonal) foram cravadas pequenas estacas de concreto armado de seção 5 x 5 cm e altura de 30 cm (marcos topográficos).

6. O caso apresentado neste capítulo do livro é fictício. Há casos reais muito mais complicados por falta de dados e conflitos entre vizinhos.

Veja a seguir outro exemplo real de escritura antiga (os nomes foram alterados).

Propriedade n. 149/16 – Inicia no ponto "A", situado junto à lateral direita da av. Sete de Setembro, considerando o sentido dos municípios Capim Grande e Rio Amarelo, logo após a travessia da Adutora Nova, daí segue por uma linha ideal de divisa, paralela a 4 m do eixo da referida adutora, por 23 m e rumo NW, confrontando com remanescente até o ponto "B"; daí deflete à esquerda e, segue em curva, ainda acompanhando a adutora por 95 m e rumo geral NW até o ponto "C", daí deflete à esquerda e, segue acompanhando a adutora por 10 m e rumo SW, até o ponto "D"; daí deflete à esquerda e segue por 3,4 m e rumo SW, sempre acompanhando paralelamente a adutora, confrontando desde o ponto "A" ao ponto "E" com remanescente; daí deflete à direita e, segue por 4,4 m e rumo NW, confrontando com um caminho até o ponto "F"; daí deflete à direita e, segue por 6,2 m e rumo NE pelo eixo da Adutora Nova, confrontando com o sítio do sr. Alcides Silva ou herdeiros, até o ponto "G"; daí deflete à direita e segue por 10,2 m e rumo NE sempre pelo eixo da Adutora até o ponto "H"; daí deflete à direita e segue em curva por 112 m e rumo de partida NE, ainda pelo eixo da adutora até o ponto "I"; daí deflete à esquerda e, segue por 5,7 m e rumo NE, cruzando a caixa da Adutora Nova até o ponto "J", situado na lateral da avenida Sete de Setembro, confrontando desde o ponto "F" ao ponto "J" com a propriedade do sr. Alcides Silva e daí deflete à direita e, segue em curva por 10 m e rumo geral SE, confrontando com a av. Sete de Setembro, até o ponto "A", início da presente descrição perimétrica;

Como podemos verificar, trata-se de um texto de difícil interpretação e de muita imprecisão na demarcação da área por falta de elementos, tornando a montagem do desenho de sua localização algo quase impraticável.

64. Conceito medieval de laudêmio atualmente existente no Brasil e os topógrafos

Persistem no Brasil de hoje (século XXI) instrumentos medievais sobre as propriedades, entre as quais se destaca o instituto do laudêmio.

O laudêmio é uma instituição jurídica que pesa sobre algumas poucas áreas do país, que grava sua venda com uma taxa destinada aos beneficiários desse laudêmio.

Entre os beneficiários incluem-se:

- a União (governo federal), no caso de ocupação de terrenos de marinha;
- a Igreja Católica Apostólica Romana, por exemplo, com laudêmio na cidade de Lagoinha, no estado de São Paulo;
- a antiga família imperial brasileira, com laudêmio em partes da cidade de Petrópolis, no estado do Rio de Janeiro;

Outros casos, como uma fazenda que, sendo perto da área urbana de uma cidade e por estar sem uso, foi ocupada por posseiros. Os proprietários da área fizeram um acordo com os posseiros, foi aprovado um laudêmio da área e, no caso de venda de um terreno dessa área, o vendedor pagaria 5% do valor aos antigos proprietários e seus sucessores.

Os topógrafos são chamados a colaborar profissionalmente nesses casos para definir tecnicamente quais os limites da área sob laudêmio.

Há outro conceito, que é a taxa de uso do espelho de água.

No Brasil, existem mais de 200 portos particulares, boa parte deles anexos a portos maiores. Esses portos particulares são de uso específico, por exemplo, um porto de uma empresa só para atracar navios que transportam suco de laranja ou soja, ou ainda, produtos químicos explosivos etc.

Cada um desses portos especializados (com recebimento, guarda e estocagem especializados) utiliza terrenos de marinha, pelos quais se paga uma taxa anual para a Secretaria do Patrimônio da União (SPU).

Esses portos particulares também reservam e usam trechos do próprio mar para chegada e estiva (carregamento e descarregamento) de produtos. Esse uso privativo de áreas da faixa litorânea é cobrado pelo governo federal por outra taxa anual, denominada agora de *taxa do espelho de água*.

Entendem os autores deste livro que essa cobrança se aplica em áreas marítimas e fluviais, ou seja, portos particulares em áreas de litoral, rios e lagos.

65. A organização política e administrativa do país e a topografia

Os topógrafos e os agrimensores, muitas vezes, são obrigados a ler documentos legais de terceiros (escrituras), preparar documentos com fins jurídicos e fazer laudos (relatórios) para processos judiciais. Às vezes, o agrimensor chega ao cargo de perito do juiz, ou seja, alguém que dá uma opinião técnica a qual o juiz costuma seguir (embora o juiz não seja obrigado a seguir a opinião do seu próprio perito).

Entendamos agora a divisão política e administrativa do país.

Hoje o Brasil é dividido em vinte e seis estados e o Distrito Federal, cada um com autonomia política para escolher o seu governador. Os territórios eram áreas menos desenvolvidas que até se desenvolveram, mas não tinham direito a ter um administrador escolhido por eleições. A direção administrativa dos territórios era orientada por um governador escolhido pelo presidente da república (por exemplo, o território do Acre, hoje estado do Acre). Hoje não há mais territórios.

O arquipélago de Fernando de Noronha faz parte do estado de Pernambuco. As ilhas de Trindade e Martin Vaz fazem parte do Espírito Santo, embora estejam sob administração da Marinha de Guerra brasileira.

Cada estado é dividido em municípios, onde são eleitos o prefeito (poder executivo) e os vereadores (formando estes a Câmara Municipal – poder legislativo).

Cada município pode (nada o exige) ser subdividido em distritos, sendo essa uma divisão meramente administrativa, possibilitando se dividir a administração pública em unidades. Assim, em um município subdividido em distritos, em cada distrito pode haver um grupo de escolas, centro de saúde, delegacia de polícia, cartório etc. Em distritos muito grandes, pode existir o subdistrito.

Na cidade de São Paulo, agrupando os distritos, temos as subprefeituras, cujo subprefeito é indicado pelo prefeito da cidade.

No estado de São Paulo, no município de São Jose dos Campos, temos uma curiosidade política: um distrito de linda topografia, de nome São Francisco Xavier.

Para que esse distrito não se separe do município de São Jose dos Campos (SP), o administrador do distrito é eleito pelos moradores do distrito e referendado ou não pelo prefeito de São José dos Campos.

Todo distrito que cresce tende a virar município. Nem sempre isso acontece, por exemplo, nos anos 1990, um grupo de líderes tentou separar do município de São Paulo o distrito de Santo Amaro. Houve um plebiscito, sendo que a separação não foi aceita pela maioria dos moradores do distrito de Santo Amaro.

O município de Osasco separou-se, por plebiscito, do município de São Paulo.

A divisão de um município em distritos é feita numa planta contendo os distritos, planta essa normalmente elaborada por agrimensor.

Cada município se divide (obedecendo aos limites dos distritos) em *área urbana* e em *área rural*.

Na área urbana, predominam as atividades urbanas típicas, de comércio, bancos, indústrias e a sede municipal com a prefeitura e a câmara municipal. Na área rural, prevalecem as atividades agrícolas, avícolas e de criação em geral.

Há que se ter em cada cidade um mapa definindo claramente as áreas (topográficas) urbana e rural. Há importantes diferenças entre as duas áreas. Certos problemas ambientais podem ter enquadramentos diferentes se a área for urbana ou rural. Exemplo: critérios de loteamento.

Brasília é um caso não típico. É um município para certas situações e estado para outros. Por exemplo, o serviço de coleta de lixo, atividade tipicamente municipal, é feito pelo governo de Brasília. Brasília tem sua polícia militar, atividade típica de estado. Brasília não tem vereadores, mas elege seus deputados estaduais que são chamados de *deputados distritais*. Brasília é o Distrito Federal.

São Caetano do Sul, em São Paulo, é um caso raro. Por causa da sua pequena área e seu grande desenvolvimento urbano e comercial, não tem área rural. É um município só com área urbana, ou seja, é o que se chama de "município-cidade".

Entenda agora uma divisão de serviços jurídicos. Nem todos os municípios têm um juiz de direito. Pequenos municípios não têm juiz. Um município próximo e maior é que tem jurisdição sobre um grupo de municípios próximos e menores. Denominamos esses municípios maiores de *comarca*.

Curiosidade histórica

Os cartórios de registro civil anotam o nascimento e a paternidade de pessoas, casamentos e mortes. Esses cartórios começaram a funcionar em 1889, com a proclamação da república. Antes disso, quem executava essas funções era a Igreja Católica, religião ligada ao estado até então. Até hoje, quando morrem pessoas idosas, no inventário de seus bens, podem aparecer documentos de seus pais relativos ao registro que chamavam-se *batistérios*, um documento que indicava que a pessoa tinha sido batizada e, portanto, existia e tinha pais conhecidos. Em discussões sobre heranças antigas, mas ainda não acordadas, o batistério tem valor jurídico. Eventualmente, se houver necessidade, pode ser requerido a um juiz que ele determine a criação de certidão de nascimento em cartório devido à existência apenas do batistério de uma pessoa.

66. Cartórios: entenda as suas funções

Agrimensores têm que, às vezes, analisar escrituras e outros documentos oficiais durante suas atividades profissionais.

Vamos entender o mundo que cerca os cartórios e de onde saem esses documentos.

Cartórios são partes do governo sob administração particular. Documentos de cartório têm a chamada "fé pública", ou seja, a menos que se prove o contrário, o que está escrito nos documentos de cartório, em princípio, é verdade.

Os cartórios são designações estaduais, ou seja, cabe ao poder executivo estadual delegar as pessoas (tabeliões) que os administram.

Os tipos de cartórios que nos interessam e que são denominados *cartórios extrajudiciais* (fora dos tribunais) são:

- cartório de notas: local em que se elaboram e são emitidas as escrituras de compra e venda, procurações, testamentos etc. Qualquer cartório de notas do país pode fazer escritura de compra e venda de qualquer lote do país, ou seja, eu posso fazer uma escritura, em São Paulo, da venda de um lote na cidade de Recife, em Pernambuco;
- cartório de registro de imóveis: cada lote de terra ou de edificação do país tem um único cartório em que se lançam em livro próprio, referente a um determinado imóvel, por exemplo, a venda, a compra, se há hipotecas etc. A área de jurisdição de um cartório é definida pelo próprio poder judiciário. Exemplificamos informando que a casa de um dos autores deste livro está registrada no 4º Cartório de Registro de Imóveis da cidade de São Paulo;
- cartório de registro civil: local em que se registram os nascimentos, casamentos e óbitos (morte) de cidadãos;
- cartório de protestos: registra-se e, com isso, tornam-se públicas informações sobre cheques sem fundo, notas promissórias não pagas etc;
- cartório de registro de documentos: local em que se podem registrar vários tipos de documentos que se tornam então públicos.

Em cidades pequenas, um único cartório executa os assuntos de registro civil dos cidadãos, por exemplo, em Nipoã, no estado de São Paulo.

Existem, adicionalmente, internos aos tribunais, cartórios judiciais oficiais que organizam e arquivam documentos em análise dos processos em andamento nesses tribunais.

Quando se vai comprar uma casa, um terreno ou uma fazenda, por exemplo, para se conhecer quem é o real dono e que tem o poder de vender o imóvel, basta pedir a certidão recente, mas recente mesmo, do registro do imóvel no cartório de registro de imóveis. É costume se pedir certidões de cartórios de protestos para verificar se existem dívidas em nome do proprietário, mas para se conhecer de quem é o imóvel, basta obter a certidão recente, mas recente mesmo, de registro do imóvel.

Propriedades com grandes áreas, localizadas eventualmente em dois ou mais municípios, têm que ter seus domínios (direitos imobiliários) registrados nos respectivos cartórios desses municípios.

Os cartórios de registro de imóveis só ocorrem em municípios sedes de comarcas (municípios maiores e que têm juiz de direito).

F
DADOS FINAIS

67. Convenções gráficas de topografia

Segundo a NBR 13.133/1994 – Anexo B, são usuais as seguintes convenções gráficas:

Cerca de arame	Cerca viva	Cerca mista
Cerca de madeira ou tapume	Alambrado ou gradil	Guia
Guia rebaixada	Eixo	Alinhamento indefinido
Valeta	Muro	Muro de arrimo (base) (topo)
Canaleta Can – 0,60 m	Caminho	Ponte
Estrada de ferro	Boca de lobo e boca de Leão	Estrada pavimentada
Escada (sobe)	Curvas de nível 105 100	Construção de alvenaria
Torre de alta tensão	Ponto de sondagem	Árvore isolada

Tubo	Rio/ribeirão córrego/filete	Alagado
⌀ 0,50 m — Enterr. — A flor	(setas de fluxo)	— — — — — — — — —
Alagado com vegetação (brejo)	Construção de madeira / Laje ou cobertura	Lagoa/represa
Mato/cultura (M/Cl)	Pedra/rocha	Areia
Talude (Topo / Base)	Ponto de divisa não materializado	Ponto cotado (↓) • 725,12 / 725 • 12 (↑)
Estação de levantamento — Piquete — Pino — Marco	Telefone/correio — Telefone — Correio	Placas de sinalização O PL (placa) O SM (semáforo)
Poste/luminária — PL (poste) — (luminária)	Hidrante/registro O HD (hidrante) O RG (registro)	Caixa de inspeção ☐ CT (telefone) ☐ CE (eletricidade) ☐ CX (não identificado)
Poço de visita O PV (não identificado) O ES (esgoto) O AP (águas pluviais) O TL (telefone) O EL (eletricidade)	RN oficial ■ 1ª ord. ▫ 2ª ord. ☐ 3ª ord.	RN topográfico 8 mm $\sqrt{K}$ 12 mm $\sqrt{K}$ 20 mm $\sqrt{K}$
Vértices geodésicos ▲ Pol. principal △ Pol. secundária △ Pol. auxiliar	Vértices topográficos ● Pol. principal ◐ Pol. secundária ○ Pol. auxiliar	

68. Bibliografia e sites de interesse

1. APEAESP – ASSOCIAÇÃO PROFISSIONAL DOS ENGENHEIROS AGRIMENSORES NO ESTADO DE SÃO PAULO. *Definição da função*: definição das funções do engenheiro agrimensor. Disponível em: <http://www.apeaesp.org.br/index.php/quem-somos-mobile/definicao-da-funcao-mobile>. Acesso em: 6 set. 2016.BARROS, G. L. M. B. *Navegar é fácil*. 12. ed. Petrópolis: Catedral das Letras, 2006.
2. BAUD, G. *Manual de construção*. São Paulo: Hemus, 1976.
3. BORGES, A. C. *Exercícios de topografia*. 3. ed. São Paulo: Blucher, 1975.
4. BRASIL. *Lei n. 10.406, de 10 de janeiro de 2002*. Institui o Código Civil. 2002. Disponível em: <http://www.planalto.gov.br/ccivil_03/leis/2002/L10406.htm>. Acesso em: 16 maio 2017.
5. _____. Tribunal Regional Federal. *Processo AC 259276 PB 2001.05.00.026346-7*. 2004. Disponível em: <https://trf-5.jusbrasil.com.br/jurisprudencia/188679/apelacao-civel-ac-259276-pb-20010500026346-7?ref=juris-tabs>. Acesso em: 18 maio 2017.
6. _____. Tribunal Regional Federal. *Processo AC 200450010059545 ES 2004.50.01.005954-5*. 2007. Disponível em: <https://trf-2.jusbrasil.com.br/jurisprudencia/6392088/apelacao-civel-ac--200450010059545-es-20045001005954-5>. Acesso em: 18 maio 2017.
7. CARVALHO, M. P. *Curso de estradas*. S.l.: Científica, 1972.
8. CINTRA, J. P. *PTR 2201* – Informações espaciais I: notas de aula (topografia). Escola Politécnica da Universidade de São Paulo, 2012. Disponível em: <https://edisciplinas.usp.br/pluginfile.php/3236602/mod_resource/content/1/APOSTILA.pdf>. Acesso em: 18 maio 2017.
9. DUARTE, M. *O guia dos curiosos*. São Paulo: Companhia das Letras, 1999.
10. ESPARTEL, L.; LUDERITZ, J. *Caderneta de campo*. Rio de Janeiro: Globo, 1963.

11. MESQUITA, P. F. *Curso de topografia*. 2. ed. São Paulo: Escola Politécnica da Universidade de São Paulo, 1950.
12. MONTENEGRO, G. *Perspectiva dos profissionais*. 2. ed. São Paulo: Blucher, 2010.
13. PAUWLES, G. J. *Atlas Geográfico Melhoramentos*. 16. ed. São Paulo: Melhoramentos, 1961.
14. SILVEIRA, A. A. *Topografia*. São Paulo: Melhoramentos, 1954.
15. YASIG, W. *A técnica de edificar*. 14. ed. São Paulo: Pini, 2014.

69. Índice remissivo

Associação Brasileira de Normas Técnicas (ABNT), 163, 223
apresentação, 15
áreas, medidas, 27, 118
acessão, 282
acompanhamento de possível recalque, 227
aerofotogrametria, 271
agrimensura, 27
alidade, 70
alinhamento de lotes, 173
altimetria, 84, 137
altímetro, 48
álveo, 282
Américo Vespúcio, 205
aneroide, 48
ângulo
    agudo, 50
    obtuso, 50
    reto, 50
apogeu da Lua, 192
apresentação de equipamentos, 31
Ardevan Machado, 169
área verde, 159
avivamento
    de ângulos, 158
    de marcos, 158
aviventação de rumos, 16, 183, 277, 278
avulsão, 282
azimute, 53

baliza, 39
base produtiva (agrícola), 33, 103, 129
batimetria, 249
bibliografia, 317
Brasília, 308
bússola, 37, 65

Cadastro Nacional de Imóveis Rurais (CNIR), 232
calagem, 136
caminhamento, 106
Carlito Flavio Pimenta, 210
cartografia, 27, 190, 203
cartórios (funções), 153, 308, 311
catenária, 63
circuito, 41
Código Civil e a topografia, 174, 279
comarca, 308
computadores e a topografia, 79, 247
comunicando-se com os autores, 325
Confea, 259
contratação de serviços topográficos, 63, 237
contrato, 239
contravertentes, 48
convenções gráficas, 315
convergência meridiana, 181
conversão de unidades, 57
coordenadas
    geográficas, 45
    planimétricas, 45

sistemas de, 107, 187
topográficas, 187
cores rodoviárias, 221
cota, 138
currículos dos autores, 323
curvas
    assassinas, 170
    isogônicas, 38, 278

dados
    astronômicos (Terra e Lua), 191
    geográficos, 185
datum, 42
declinação magnética, 53, 183
demanda de tempo para atividades da topografia, 151
Departamento Nacional de Produção Mineral (DNPM), 94, 187
direito e topografia, 273
divisão do círculo, 49
domínio de um lote, 133

ecobatímetro, 250
elevação, 169
engenheiro agrimensor, 29
entidades relacionadas com a topografia, 259
equinócio, 191, 194
Erastóstenes, 197
erro
    angular, 100
    de calagem, 136
    de operação, 136
    de pontaria, 136
    linear, 100
    de centragem de sinal (refletor), 136
erros
    de implantação urbanística, 165
    nas medidas topográficas, 135
escala de voo (aerofotogrametria), 272
escalas, 204
espelho de água (taxas), 305
estação, 32
    total, 19, 40, 67, 69, 75, 76, 77

estradas federais, estaduais, municipais, 215
Estreito de Magalhães, 95

faixa *non edificandi*, 157
fases da Lua, 191, 193
Federação Internacional de Geômetras (FIG), 29
fio estadimétrico, 33, 66, 109
formato da Terra, 192, 197
fronteiras, limites estaduais, municipais e distritais 291
Fundação Instituto Brasileiro de Geografia e Estatística (IBGE), 97, 134
fusos horários, 179

Galileu Galilei, 199
geodésia, 27
geoide, 192
georreferenciamento (propriedades rurais), 29, 231
global navigation satellite system (GNSS), 38
global positioning system (GPS), 34, 68, 75, 93, 187, 257
grandezas físicas do campo, 65, 253
grau, 49

higiene e segurança na topografia, 238, 257
honorários (tabela), 243
Imbituba, 210
impermeabilização de paredes, 230
imposto predial e territorial urbano (IPTU), 275
Instituto Geográfico e Geológico (IGG), 46
Instituto Nacional de Colonização e Reforma Agrária (Incra), 94, 187
interpretando mapas, 203
irradiação, 83

lance, 41
largura total de uma rua, 165
latitude, 45, 46, 201, 259

Índice remissivo

laudêmio, 305
lavra de minérios, 231
Lei Federal nº 8078 – Código de Defesa do Consumidor, 223
levantamento
    cadastral, 244
    de uma fazenda, 41, 151
    semicadastral, 244
    topográfico, 33, 88
limites
    de um sítio, 45, 301
    estaduais e municipais, 291
    marítimos do Brasil, 185
linha, 41
    do Equador, 191
linhas
    geográficas, 197, 291
    isogônicas, 38
locação
    de obras civis, 27, 162
    de um terreno num velho loteamento, 173
    de equipamentos industriais, 27, 225
    topográfica com precisão, 225
longitude, 45, 197, 200
loteamentos e os topógrafos, 157
Lua, 191

Magalhães, Fernão, 95
mapas, 203
Marco Polo, 37
maré, 210
    de baixa mar, 210
    de preamar, 210
    de quadratura, 210
    de sizígia, 209
    morta, 209
marégrafo, 45, 46, 209
medida
    de áreas, 147
    indireta, 109
medidas angulares, 33, 65
medidor eletrônico de distância (MED), 61

medidores de grandezas físicas no campo, 253
medindo distâncias (trena), 19, 32
Mercator, 205
meridiano de Greenwich, 180, 182, 197
meridianos, 197, 199
mira, 33, 39
modelo de contrato (contratação de serviços topográficos), 237

nadir, 110
nasce a topografia, 19
nível, aparelho, 33, 41
    de bolha, 40, 70
nivelamento
    geométrico, 137
    trigonométrico, 41, 81, 137
normas
    da ABNT, 223
    de topografia, 223
    técnicas de cartografia nacional, 188
norte
    de projeto, 229
    verdadeiro, 34, 93
notação decimal, 52
numeração de lotes e prédios urbanos, 263

organização política e administrativa do país, 307

Paulo Sergio, 169
pequenas obras (topografia), 134, 143
perícia, 297
perigeu, 192
poligonal, 21, 80
ponto inacessível, 127
portos particulares, 305
posse de um lote, 133
preamar, 275
programa de computador, 68, 75
projeções cartográficas, 203

projeto de mudança do referencial geodésico (PMRG), 189
proposta de honorário, 134

radiano, 49
raio solar a pino, 197
ré (atrás), 41, 106
reavivados (pontos), 25
recalque de prédio, 227
recuo frontal de um lote, 165
rede de referência cadastral, 33
referência de nível (RN), 33, 41, 45
rumos e azimutes, 53

sambaquis, 237
seção, 41
Secretaria de Estado da Administração e Patrimônio (SEAP), 162
Secretaria do Patrimônio da União (SPU), 308
serviços públicos, 235
sinal-refletor, 136
Sistema Cartográfico Nacional (SCN), 34, 188
Sistema de Referência Geocêntrico (Sirgas), 34, 188, 190
Sistema Geodésico Brasileiro (SGB), 33, 188
Sistema Público de Registro de Terras, 232
Sistemas Públicos Subterrâneos, 235
Sistema Universal Transversa de Mercator (UTM), 187
sites de interesse, 317
smart antenna, 75, 76
smart station, 40, 75
softwares para a topografia, 247
solstício, 191
Sylvio Alves de Freitas, 159

talvegue, 120, 292
taqueometria, 35, 66, 79, 109
    eletrônica, 79
taxa de uso do espelho de água, 305
teodolito, 34, 65, 67, 70
    eletrônico, 75
    mecânico, 68
terreno de marinha, 275
testada
    de lote, 115
    de quadra, 166
testemunhas, 32, 106
tipos de trabalhos, 29
tipos de trabalhos e equipamentos necessários, 175
título translativo, 281
topografia, 5, 15
    e o Código Civil, 279
    e o direito, 273
    legal, 297
    para pequenas obras, 143
toponímia, 104
Tratado de Tordesilhas, 298
trena, 61
triangulação, 83
trigonometria esférica, 267
trópico
    de Câncer, 200
    de Capricórnio, 200
trópicos, 197

usucapião, 16, 280
UTM, 151, 187, 205

vante (frente), 41, 106
virada à esquerda sem ângulo, 168

zênite, 110
zero oficial, 45

70. Currículo resumido dos autores

Engenheiro Manoel Henrique Campos Botelho

Engenheiro civil formado em 1965 pela Escola Politécnica da Universidade de São Paulo (EPUSP). Publicou livros, é o autor da coleção *Concreto Armado Eu te Amo* e de vários outros livros ligados à construção civil. É colaborador em periódicos e na produção de boletins e de catálogos técnicos de várias empresas e instituições. Trabalhou como engenheiro coordenador, assessor técnico e secretário executivo. Foi conselheiro do Instituto de Engenharia de São Paulo, entre outros. Tem realizado palestras por todo o Brasil em associações de engenheiros e arquitetos e em escolas de Engenharia, Arquitetura e Topografia sobre diversos temas, como marketing e perícias na construção civil.

Engenheiro Lyrio Silva de Paula

Técnico em Agrimensura formado em 1957 pela Escola Técnica de Agrimensura, em São Paulo. Engenheiro agrimensor formado em 1968 pela Escola Superior de Agrimensura, em Araraquara-SP. Trabalhou como professor da cadeira de Topografia em escolas técnicas, técnico em Agrimensura, engenheiro, consultor técnico, diretor técnico, assessor técnico e engenheiro agrimensor da Prefeitura do Município de São Paulo. Hoje, está aposentado.

Engenheiro Jarbas Prado de Francischi Jr.

Engenheiro civil formado em 1978 pela Escola de Engenharia da Universidade Mackenzie. Administrador formado em 1993 pela Escola de Administração da Universidade Mackenzie. Obteve Master of Business Administration (MBA) em 2004 em Administração para Engenheiros no Instituto Mauá de Tecnologia. Trabalhou como engenheiro civil, coordenador de obras e engenheiro civil da Prefeitura do Município de São Paulo. Hoje, está aposentado. Coautor do livro *Manual de primeiros socorros do engenheiro e do arquiteto, volume 2*, e do presente livro de topografia.

71. Comunicando-se com os autores

Os autores têm o maior interesse em saber a opinião do leitor sobre este livro.

Solicitamos a resposta ao questionário a seguir. Em seguida, por favor, envie-nos sua apreciação para:

@ Manoel Henrique Campos Botelho, engenheiro civil.
E-mail: manoelbotelho@terra.com.br

@ Lyrio Silva de Paula, engenheiro agrimensor e professor
E-mail: topagrilyrio@gmail.com

@ Jarbas Prado de Francischi Jr., engenheiro civil e administrador
E-mail: jarbasfjr@gmail.com

Nota

A equipe que preparou este livro sobre topografia está trabalhando num próximo livro sobre loteamentos. Se você, caro colega, tem algum assunto interessante sobre essa matéria, agradeceremos por sua contribuição e, se publicada, daremos o justo crédito de autoria.

1. O que achou deste livro?

☐ Fraco ☐ Médio ☐ Bom ☐ Muito bom

Pontos principais de sua análise:
_____
_____
_____

2. Que outros assuntos relacionados com a construção civil poderiam ser abordados em uma ampliação deste livro?
_____
_____
_____

3. Que outros livros sobre tecnologia na construção civil deveriam ser escritos?
_____
_____
_____

Agora, por favor, forneça seus dados, eles são muito importantes.

Nome: _____

Título profissional: _____ Ano de formatura: _____

Endereço: _____

Número: _____ Complemento: _____

Cidade: _____ Estado: _____

CEP: _____ - _____ E-mail: _____

Data _____ / _____ / _____